La matematica da Pitagora a Newton

Collana Leonardo

- Vittorio Silvestrini, *Guida alla teoria della relatività*
- Vittorio Silvestrini, *Che cos'è l'entropia*
- Paolo Toni, *Scintille matematiche*
- Paola Monari (a cura di), *Giochi d'azzardo e probabilità*
- Carlo Bernardini, *Che cos'è una legge fisica*
- Rudy Rucker, *La mente e l'infinito*
- Lucio Lombardo Radice, *L'infinito*
- Lucio Lombardo Radice, *La matematica da Pitagora a Newton*
- John D. Bernal, *Storia della fisica*
- L. Landau, A. Kitaigorodskij, *La fisica per tutti*
- Jean Perrin, *Gli atomi*
- Davide Fiscaletti, *I gatti di Schrödinger*
- Ermanno Bencivenga, Alessandro Giuliani, *Filosofia chimica*
- Luigi Cerruti, *Bella e potente. La chimica dagli inizi del Novecento ai giorni nostri*
- David Tall, *Imparare a pensare matematicamente*
- Colin Stuart, *La fisica in 100 numeri*
- Ian Ridpath, Wil Tirion, *Stelle e pianeti*
- Pietro Greco, *L'origine dell'Universo*
- Daniel Fleisch, *Guida all'Equazioni di Maxwell*
- D. Fleisch, L. Kinnaman, *Guida allo studio delle onde*
- Daniel Fleisch, *Guida allo studio dei vettori e tensori*
- Johnny Ball, *Breve storia delle meraviglie matematiche*
- D. Fleisch, *Guida alle equazioni di Schrödinger*

Lucio Lombardo Radice

La matematica da Pitagora a Newton

Introduzione
di Carlo Bernardini

Editori Riuniti
university press

I ristampa luglio 2020

Prima edizione in questa nuova collana Dicembre 2014

Grafica e impaginazione
Giuseppe Merini
g.merini@gmail.com
ISBN 978 88 6473 153 7

www.editoririuniti.it

Indice

Introduzione di *Carlo Bernardini* 7

La matematica da Pitagora a Newton

Avvertimento ai lettori prima che incomincino a leggere 11

1. **I numeri** 13
Una meravigliosa invenzione dell'uomo, 13 – Una discussione con un ragazzo latino, 14 – «Calculi» e «abaci»: zephyrus e algoritmo, 15 – Anche gli «abaci» e i conti sulle dita continuano a servire a qualcosa, 19 – I numeri figurati di Pitagora, 20 – Le moderne calcolatrici elettroniche preferiscono la numerazione «in base due», 21

2. **I triangoli** 27
La scienza più antica è la geometria, 27 – Talete misura la piramide di Cheope con un bastone, due ombre e un'idea, 28 – Storia e leggenda del teorema di Pitagora, 32 – La dimostrazione di Pitagora, con due diverse scomposizioni di un quadrato, 34

3. **Le misure** 37
Numero e misura, 37 – Le grosse difficoltà cominciano con le linee curve, 40 – Un'idea geniale di Archimede, 42 – Un tratto di curva «infinitamente piccolo» è un tratto di retta?, 46 – Copriamo una regione piana con fili. Riempiamo un solido con fogli, 48 – Ci vollero milleottocentocinquanta anni per inventare di nuovo il metodo di Archimede, 50 – La matematica moderna ha solo trecento anni, 51

4. I simboli e i nuovi numeri 53
Anche «algebra» è una parola araba, 53 – Come si fa a «mettere in equazione», 54 – Dai «debiti» ai «numeri negativi», 56 – Come si fanno i calcoli con i «numeri absurdi», cioè con i numeri negativi, 58 – Gli irrazionali sono numeri?, 60 – Dall'algebra geometrica alla «logistica speciosa», 62

5. La geometria diventa algebra 67
Perché i «diagrammi» si chiamano «cartesiani», 67 – Le coordinate della scacchiera e la scacchiera delle coordinate, 70

6. Funzioni, derivate, integrali 83
y funzione di *x*, 83 – Lo spazio funzione del tempo *x*. Il diagramma di un movimento, 84 – I fondatori del calcolo infinitesimale, 86 – La velocità istantanea e l'idea di derivata, 87 – Area e integrale, 89 – Conclusione di una storia che non ammette conclusioni, 91

Appendici 93

Introduzione

Lucio Lombardo Radice rappresenta ancora, a chi se lo ricorda, l'interlocutore ideale: curioso di tutto, coltissimo, razionale, dedito alla didattica, tollerante e cortese, poteva alimentare un dialogo senza fine anche con vecchi e bambini. Le persone come Lucio sono la vera ricchezza del genere umano: creava, sì, la sua parte della matematica da matematico professionista, ma molta di più era la matematica che "regalava" a chi lo stava a sentire. Nella casetta al mare dove seguiva la sua seconda moglie Fabiola Ferrazzi, ci incontravamo in molti quando lui si decideva a scendere dalla cima dell'Argentario dove i frati suoi amici lo ospitavano offrendogli una cella in cui si rifugiava per meditare e scrivere.

Così come Lucio le racconta, l'aritmetica e la geometria delle origini divengono un prodigio della mente; al loro confronto la preistoria dei numeri svanisce nel nulla. Man mano che si introduce lo zero e la numerazione posizionale, i numeri decimali, gli irrazionali, i numeri negativi, le aree e i volumi, accompagnati nella storia da formidabili immaginatori come Euclide, Pitagora, Talete, Archimede e molti di più, man mano che Oriente e Occidente si incontrano, Greci e Arabi, Latini e Indiani, tutto un linguaggio di insospettata potenza viene a far parte dell'evoluzione degli esseri umani. E ci vuole sempre più chi, come Lucio, insaporendo la storia con queste cose solo a prima vista astratte, porta al banchetto il bambino, il dotto e l'uomo della strada.

Poi, dopo gli inizi, con la metà del secondo millennio, avviene un rimescolamento delle carte: da aritmetica e geometria nasce una creatura che è un po' l'una e un po' l'altra. Ahi! spuntano le formule; e le notazioni e figure con cui pretendiamo che i ragazzi prendano dimestichezza. Le "potenze" generano le equazioni, le rappresentazioni cartesiane non mostrano solo segmenti ma curve: le famose "coniche" ben definite con operazioni di taglio geometrico del cono ma non completamente descritte. Ci sono i "processi di limite" di cui Archimede aveva già intuito l'importanza. Ma con Newton (e Leibniz) nasce l'analisi infinitesimale, le somme infinite, le variazioni istantanee e le derivate. La matematica incomincia a descrivere il mondo così come è e la fisica ne approfitta con gli strumenti adatti. Pensate: sino al XVI secolo la nozione di accelerazione non aveva ancora un uso comune, oltre la velocità. Ma per portare ancora oggi queste espressioni in piazza ci vogliono i Lucio Lombardo Radice, con le loro conoscenze di scienza, storia e didattica elementare. Ecco qua, questo piccolo libro che tenta di affascinare e spiegare con quella parte della cultura umana che ha subìto rifiuti e ripulse perché l'insegnamento non è stato condito con il meglio degli *appetizers*: a volte per incuria, a volte per diffidenza, a volte per ragioni di principio completamente fuori luogo. Specie qui, in Italia, la matematica è stata a lungo una Cenerentola che restava fuori della porta: Lucio non lo dice, ma una porta accattivante è stato proprio Lui ad aprirla. E questa nuova edizione la terrà spalancata, con il nostro "grazie" inciso sui battenti.

Roma, 24 ottobre 2014

Carlo Bernardini

La matematica da Pitagora a Newton

Nove anni fa dedicai ai miei figli Daniele, Marco, Giovanni, ai miei nipoti Celeste, Bruna, Chiara, Renata, Guido, Andrea che erano allora adolescenti o ancora bambini, queste pagine scritte per i giovanissimi. Ora rinnovo quella dedica, e la estendo con affetto ai nuovi figli e nipoti che attraverso di loro ho acquistato, a Marina, Marco, Giorgio, Chris; alla prima cara creatura della nuova generazione, la Giovannina di Celeste e del suo Marco or ora nata, alle tante che spero la seguiranno.

Dovrei continuare con nuovo lungo elenco la dedica di cinque anni fa, perché la nuova generazione si moltiplica: aggiungo solo il nome della mia prima nipotina, Lucia, figlia di Daniele e della sua Barbara.

Roma, marzo 1976

Avvertimento ai lettori prima che incomincino a leggere

Quasi duemilatrecento anni fa, quando in Egitto era re Tolomeo I (il quale regnò dal 306 al 283 prima di Cristo), il sapiente greco Euclide scrisse un libro famoso, gli *Elementi* (di geometria). È il libro che, dopo la *Bibbia* e le *Opere* di Lenin, ha avuto più edizioni ed è stato tradotto in più lingue: è stato, fino a qualche decennio fa, il libro di geometria nella scuola media superiore. Ebbene: il re Tolomeo cominciò a leggerlo, ma si stancò presto. Gli costava molto sforzo seguire i lunghi e minuziosi ragionamenti di Euclide. Il re, allora, mandò a chiamare lo scienziato, e gli chiese se in geometria vi fosse una via più breve, e meno faticosa, di quella degli *Elementi.* Al che Euclide rispose che no, che «in matematica non ci sono vie regie».

Per comprendere la matematica occorre far funzionare il cervello, e questo costa sempre un certo sforzo. Non è possibile fare la matematica «a fumetti», non è possibile trasformare la sua storia in una novellina. Chi è pigro di mente, chi non prova gioia nel far lavorare il suo cervello, è meglio che non cominci neppure a leggere. Chi invece non si spaventa per le fatiche della mente, non si scoraggi se qua e là, a prima vista, non capisce, e non pretenda di leggere tutto di seguito; ma legga attentamente, un poco per volta, saltando le cose più difficili, o facendosele spiegare da chi ha studiato più di lui.

Importante: si raccomanda a tutti di tenere a portata di mano un pezzo di carta e una matita, per poter rifare da soli calcoli, disegni, ragionamenti. Si ricorda inoltre che le *Appendici* a cui si fa riferimento nel testo, sono tutte in fondo al volume.

L.L.R.

1. I Numeri

Una meravigliosa invenzione dell'uomo

Sin da molto piccoli, quasi sempre ancor prima di andare a scuola, impariamo a leggere le parole e i numeri; diventa talmente un'abitudine, che difficilmente si riflette sulla straordinaria genialità dell'uomo, che è riuscito con sole 21 «lettere» (o 24, o 26, a seconda delle lingue) a scrivere tutte le possibili infinite parole, e con solo dieci «cifre» tutti i possibili, infiniti numeri. Con 31 segnetti, così, a sei anni e spesso anche prima, diventiamo padroni delle chiavi che aprono i tesori del mondo: tutti i libri e tutte le tabelle e tutti i calcoli che poeti, scrittori, fisici, astronomi, matematici hanno potuto tramandarci da quando l'uomo ha inventato quei due strumenti mirabili: la *scrittura alfabetica* e la *numerazione posizionale*. Sono due invenzioni che hanno qualche cosa di simile, e sono tutte e due costate *millenni* di fatiche alla mente umana. Dare valore al posto di una cifra («principio posizionale») era un'idea più difficile che non quella di dividere le parole nei suoni che le compongono, e scriverle mettendo uno dietro l'altro (o, in alcune lingue, uno sotto l'altro) i segni stabiliti per quei suoni, invece di affaticarsi a inventare e ricordare un diverso disegno, un *ideogramma* per ogni parola. Difatti, per esempio, nella nostra Italia l'origine della scrittura alfabetica si perde nel buio della preistoria: prima dell'alfabeto *latino*, quello che adoperiamo tuttora, c'erano quello *greco*, quello *etrusco*. Invece l'introduzione della *numerazione araba* (sarebbe più giusto, come vedremo, dire *indiana*), cioè di una numerazione nella quale si tiene conto della posizione delle cifre, è un fatto storico relativamente recente, del quale possiamo dire, addirittura la data. Siamo nel 1202, ai tempi di Marco Polo, delle Crociate, di Federico Barbarossa, delle Repubbliche marinare: un mercante-matematico italiano, Leonardo Fibonacci detto Leonardo il Pisano, scrive un libretto che meriterebbe la stessa fama del *Milione* di Marco Polo (e forse della stessa *Divina Commedia* di Dante Alighieri); il *Libro dell'abbaco* (in latino: *Liber abaci*), nel quale spiega genialmente il comodissimo sistema degli arabi per scrivere i numeri e le sue applicazioni.

Una discussione con un ragazzo latino

La grande differenza con il modo usato in precedenza nello scrivere i numeri, non stava nei segni per indicare i numeri, ma nel modo di impiegarli. Per esempio, il segno (*la cifra*) per indicare «uno» è più o meno la stessa nella numerazione degli antichi Cinesi, Egiziani, Romani, e in quella nostra, derivante dagli Arabi: una «barra», un «bastoncino», con qualche piccola variazione. «I» per i Romani (vedi *Appendice* n. 1), «1» per noi. Ma supponiamo un momento di poterci trovare con un ragazzo dell'antica Rorna e di intenderci con lui alla meglio in latino. Segniamo con un dito sulla sabbia, come facevano spesso gli antichi Romani ai mercati, tre bastoncini in fila, così:

III.

Il ragazzo romano antico dirà che è il numero «tre», mentre il ragazzo italiano moderno dirà che è il numero «centoundici». Chi ha ragione? Tutti e due, e nessuno: il fatto è che l'uno segue una regola, l'altro un'altra. Il latino, quando scrive: III intende dire:

$$1 + 1 + 1 = 3;$$

noi invece, scrivendo *le stesse cifre nello stesso ordine,* intendiamo dire:

$$1 \text{ centinaio} + 1 \text{ decina} + 1 \text{ unità} = 100 + 10 + 1 = \text{centoundici}.$$

Allo stesso modo, potremo facilmente convincere il ragazzo romano antico a scrivere 5 invece di V; ma sarà assai difficile fargli capire che non deve leggere la scrittura 51 come $5 + 1 = 6$, ma come 5 decine più 1 unità = cinquantuno.

«Calculi» e «abaci»: zephyrus e algoritmo

Insomma, tra il nostro modo di scrivere i numeri e quello usato dagli antichi Romani vi sono due differenze. Prima di tutto, essi adoperavano simboli diversi dai nostri: è la differenza più visibile, ma meno importante. In secondo luogo, «combinavano» nuovi numeri a partire dai simboli fondamentali in modo del tutto diverso dal nostro, con addizioni e sottrazioni dei numeri rappresentati da segni vicini (vedi la seconda parte dell'*Appendice* n. 1).

Proviamoci a scrivere al modo dei Romani un numero un poco grande, per esempio una data recente, come si usa fare anche oggi nelle lapidi sugli edifici per ricordarne l'anno della costruzione. Proviamo con «millenovecentocinquantotto». Bisognerà scomporlo così: mille + novecento + cinquanta + otto, e ancora ricordare che novecento = mille – cento, e otto = cinque + tre = cinque + uno + uno + uno; scriveremo allora:

MCMLVIII.

Abbiamo dovuto utilizzare *otto* segni invece delle quattro cifre che ci occorrono per scrivere 1958 al modo degli indiani; e le cose andrebbero molto, ma molto peggio se dovessimo scrivere un numero veramente grande. E poi, che fatica dover inventare volta per volta una scomposizione che permetta di utilizzare non troppi segni, che fatica leggere un numero un poco lungo: quando si dovrà addizionare? Quando sottrarre?

Ma con il metodo romano per scrivere i numeri c'è un inconveniente molto più grave: non si possono fare i calcoli come li facciamo noi, con la numerazione arabo-indiana. Non si può neppure fare una addizione in colonna: non avrebbe senso. Effettivamente, gli antichi Romani non facevano i calcoli con i numeri scritti, ma con i… *calculi,* cioè con i sassolini. La nostra parola «calcolo» viene infatti dalla parola latina *calculus,* che vuol dire sassolino. Calcolo anche in italiano ha conservato il significato di sassolino quando si parla di quelle accumulazioni che si formano in qualche organo per suo cattivo funzionamento («calcolo» al rene, «calcolo» al fegato).

I Romani facevano infatti praticamente i conti segnando sul pavimento, per terra, nella sabbia tante linee verticali (vedi figura 1).

Nelle colonne così formate mettevano dei sassolini: nell'ultima, un sassolino per ogni *sesterzio* (come faremmo noi oggi, per esempio, con una moneta da 10 lire); se nell'ultima colonna si arrivava a dieci sassolini, allora si doveva toglierti, e sostituirli con un unico sassolino da mettere nella *penultima* colonna (una moneta da 100 lire al posto di dieci da 10). Nella penultima colonna, perciò, ogni sassolino valeva dieci sassolini dell'ultima; nella terzultima, ogni pietruzza valeva dieci pietruzze della penultima, cioè cento dell'ultima; e così via. Un metodo analogo poteva essere eseguito su apposite lavagnette, dette *abaci.*

Come è chiaro, nel calcolo pratico con le pietruzze (o con gli *abaci*) gli antichi Romani avevano già raggiunto l'idea del «valore della posizione»: uno stesso sassolino poteva contare per uno, per dieci, per cento, per mille e così via a seconda della colonna nella quale era messo. Anzi, un poco per volta, per fare più alla svelta, gli antichi Romani misero dei segni sopra le pietruzze (o sopra appositi gettoni): se sopra il *calculus* c'era un certo segno esso valeva per due, se ce n'era un altro valeva per tre, e così via fino a nove. Cominciamo ad essere molto vicini al nostro modo di scrivere i numeri, non è vero? Ma c'è ancora un passo molto importante da fare: si può rendersene conto con un esempio. Proviamoci a scrivere il numero tremila e settantacinque. Sono tre migliaia, nessun centinaio, sette decine, cinque unità. Perciò, cominciando dalla fine, cinque *calculi* da mettere nell'ultima colonna, sette nella penultima, nessuno nella terzultima, tre nella quartultima. Oppure, per procedere più alla svelta, usiamo *calculi* con dei segni sopra, che indichino quante pie-

	centinaia	decine	unità

Figura 1

truzze vale ogni *calculus,* e mettiamoci addirittura, per comodità, le cifre nostre (arabiche). Ecco come si presenta il numero tremila e settantacinque nei due casi (vedi figura 2).

Guardiamo bene l'ultima riga. Se cancelliamo le linee verticali, se buttiamo via i gettoni e conserviamo soltanto i segni incisi sopra di esse, manca ancora una cosa per avere il numero tremila e settantacinque come lo scriviamo noi: manca un segno per indicare che al terzultimo posto non va messo nessun «sassolino», cioè, che alle cinque unità, e alle sette decine, non va aggiunto nessun centinaio, ma solo tre migliaia esatte. Manca un simbolo per indicare la colonna vuota: manca lo *zero.*

Avete a casa un dizionario italiano-latino? Cercate la voce «zero», e vedrete che in latino non esiste un termine corrispondente vero e proprio. Troverete l'italiano zero tradotto con il latino *nihil*, o *nullus numerus,* che significano però «niente», «nessun numero», e non la nostra cifra «zero». La parola «zero» infatti viene dall'arabo *sifr,* che vuol dire «vuoto» (ricordate la colonna vuota nella tavoletta, nell'esempio che abbiamo dato un momento fa?). Leonardo Pisano, nel 1202, scrivendo quel suo famoso *Liber abaci* del quale abbiamo già parlato, cercò una parola latina che somigliasse come suono all'arabo *sifr,* e scrisse: *zephyrus* (leggi: zefirus; è il venticello che anche in italiano si chiama zéfiro). Di qui «zevero» e infine «zero».

Già: l'importanza degli arabi nella storia dei numeri si vede anche dalle parole. Lo stesso termine usato dagli arabi per lo zero, e cioè *sifr* ha dato luogo alla nostra parola «cifra». Infatti il *sifr* è una cifra anzi la cifra per eccellenza, se vogliamo: la più importante, la più

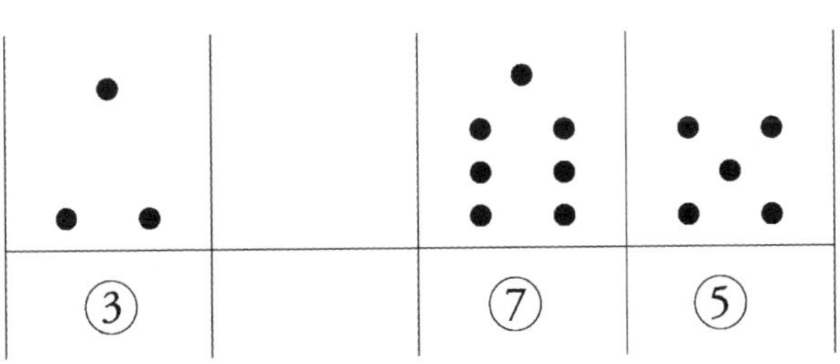

Figura 2

difficile da inventare e da capire. Gli arabi, abbiamo detto, non inventarono né lo zero né la numerazione posizionale; ma furono loro a diffonderle, e a ricavarne le prime grandi conseguenze pratiche e teoriche. Spesso noi crediamo che la civiltà sia cosa soltanto nostra, che tutti i grandi progressi dell'umanità siano dovuti ai popoli mediterranei o addirittura solo all'Europa occidentale. Invece, pensate; nel 772 dopo Cristo, mentre in Europa vi era il feudalesimo, la decadenza della cultura, e quasi nessuno più era capace di comprendere i libri di scienza degli antichi, a Bagdad, capitale dell'impero arabo, ambasciatori indiani portavano come regalo prezioso non oro o gioielli, ma tavole di calcoli astronomici scritti con il «nuovo sistema». E il Califfo, il «barbaro saraceno» nei racconti dei crociati, stipendiava munificamente saggi studiosi perché diffondessero in tutto il suo impero la mirabile scoperta del pensiero umano, il nuovo modo di calcolare, o *algoritmo,* come diciamo noi matematici.

Del resto, anche la parola «algoritmo» (metodo di calcolo) è una parola araba: è la deformazione del nome del grande saggio al quale il Califfo aveva affidato il compito di diffondere la numerazione indiana, e che si chiamava appunto *al-Khuwarizmi.* Se ci pensate bene, non credete che sia un nobilissimo modo di diventare immortali quello di lasciare il proprio nome a una parola importante, che le generazioni successive pronunciano senza ricordarsi più dell'uomo al quale essa risale?

Ai tempi, più o meno, delle lotte tra guelfi e ghibellini, e poi tra «bianchi» e «neri», delle quali, parlano tutti i libri di storia, vi fu una lotta tra due partiti, senza spargimento di sangue, e soltanto con spargimento di inchiostro, della quale i libri di storia in generale non parlano, e che tuttavia credo non sia stata meno importante per l'umanità di quelle prima nominate; vi fu la battaglia tra il partito degli *abacisti* e quello degli *algoritmisti.* Fu la discussione tra coloro che volevano seguitare a fare i conti con gli *abaci* e coloro che invece, come Leonardo Pisano, sostenevano che bisognava buttar via gli abaci e adottare l'*algoritmo* nuovo, il metodo di numerazione di al-Khuwarizmi. Alla lunga, la vinsero gli algoritmisti (alla lunga, è sempre il progresso che prevale), ma ci vollero due secoli abbondanti perché la nuova numerazione si diffondesse e si imponesse in modo completo.

Anche gli «abaci» e i conti sulle dita continuano a servire a qualcosa

Non disprezziamo però troppo i poveri abaci. Possono ancora servire a qualcosa. Possono essere utili, per esempio, sotto forma di pallottolieri con dieci palline per ogni *riga* (invece che dieci sassolini per ogni *colonna*) per far capire ai più piccini il concetto di «unità», e poi quello di «decina». I pallottolieri, del resto, possono benissimo servire anche ai grandi (in un ufficio, in un negozio) come uno strumento semplice, rapido e sicurissimo per fare delle addizioni. Quando su di una fila le dieci palline sono state tutte spostate da un lato all'altro, per esempio da destra a sinistra, le si rimette tutte al punto di prima e si sposta invece una pallina della fila immediatamente superiore (è sempre il valore del posto, come avrete capito, che entra in gioco: ogni pallina dell'ultima fila vale una unità, ogni, pallina della penultima vale una decina, cioè dieci palline dell'ultima, e così via). Vedeste con che sveltezza, a Mosca, a Tokyo o a Pechino, le commesse dei negozi vi fanno i conti sul pallottoliere. Naturalmente, con la rapida diffusione delle macchinette automatiche da cassa, anche nei paesi dove c'è una lunga tradizione di «calcolo manuale» sui pallottolieri, l'abitudine un poco alla volta si perderà. Non disprezziamo troppo neppure i «conti sulle dita». Le dita della mano sono state il primo abaco dell'uomo; il primo sistema di numerazione è stato quello *mimico,* cioè a gesti delle mani. Ancora una volta, se ne trova qualche traccia nel linguaggio: per esempio in inglese *digits* (dal latino *digiti,* le dita) vuol dire numero delle cifre. Ancora ai tempi di Leonardo Pisano e dei primi algoritmisti, la *indigitazione* (l'insieme delle regole per fare i conti con le dita) era una scienza assai sviluppata. Ora, chi la studia più? Tuttavia, anche in quella vecchia scienza primitiva, possiamo ritrovare qualche regola interessante. Conoscete per esempio la «regola turca» per fare i prodotti tra di loro dei numeri compresi tra 6 e 9, cioè, per ottenere l'ultima parte della tavola pitagorica, quella tanto antipatica, quella che si stenta molto a ricordare? (vedi *Appendice* n. 2).

I numeri figurati di Pitagora

Riflettendoci un momento, si scopre un certo numero di casi nei quali, ancora oggi, per scrivere numeri non si adoperano cifre, ma gruppi di segni tra di loro uguali, tanti quante sono le unità del numero. Per esempio, sui dadi i numeri sono rappresentati con punti, o tondini: sulle carte da gioco con i «denari», le «spade», i «bastoni», le «coppe» (oppure i «cuori», i «fiori», le «picche», i «quadri»). Anche la rappresentazione dei numeri con puntini è stata anticamente una scienza: la scienza dei *numeri figurati* dei pitagorici (gli allievi di Pitagora, vissuto sei secoli prima di Cristo, del quale parleremo più a lungo dopo). Anche questa è, sì, una scienza superata, ma se ne può sempre trarre qualche risultato interessante, in modo semplice ed elegante, e con meno fatica, forse, che non usando l'*algebra* (altro nome arabo, che spiegheremo più avanti).

Un esempio. I pitagorici chiamavano i numeri: *triangolari, quadrati,*

Figura 3

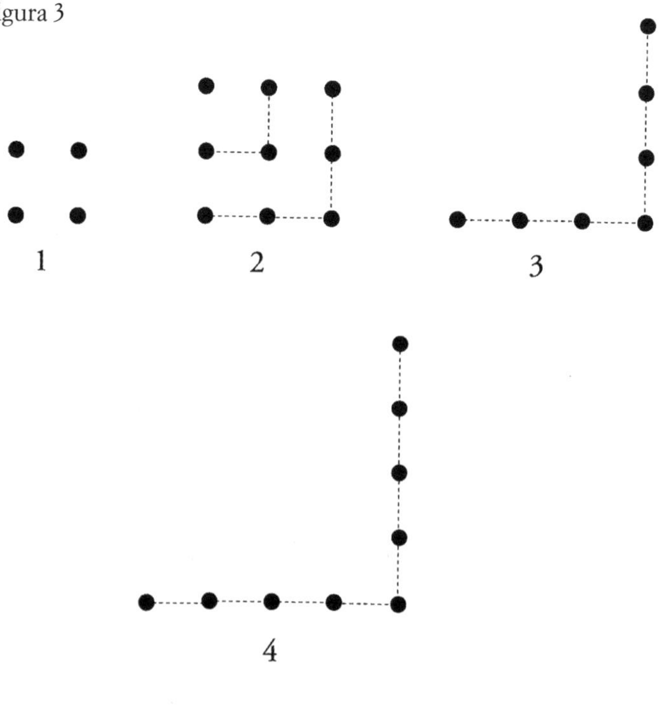

cubici, ecc. a seconda che con i puntini che li rappresentavano, regolarmente distribuiti, si poteva comporre un triangolo rettangolo «isoscele» (con i due lati minori uguali), un quadrato, un cubo. I *numeri quadrati* sono, naturalmente, i *quadrati dei numeri.*

Per esempio $4 = 2 \times 2 = 2^2$ (leggi: due al quadrato), $9 = 3 \times 3$, $16 = 4 \times 4$, $25 = 5 \times 5$, ecc. vengono rappresentati dai quadrati di punti (vedi figura 3).

Ora, invece di decomporre questi quadrati di punti nelle loro linee (o colonne), facciamo in questo altro modo (vedi figura 3): dividiamoli in tante linee spezzate (come L rovesciate, ⅃, o squadre di disegno) che partano da un punto della prima riga, scendano giù dritto fino alla diagonale del quadrato, poi pieghino ad angolo retto e vadano a finire, orizzontalmente, fino alla prima colonna. Allora, si vede subito, già sugli esempi prima disegnati, che queste linee spezzate sono composte (andando da sinistra a destra) da 1, 3, 5, 7, 9, 11, ecc. punti. Si ha perciò che:
il quadrato di 2 è la somma dei primi due numeri dispari ($1 + 3 = 4$);
il quadrato di 3 è la somma dei primi tre numeri dispari ($1 + 3 + 5 = 9$);
il quadrato di 4 è la somma dei primi quattro numeri dispari ($1 + 3 + 5 + 7 = 16$);
il quadrato di 5 è la somma dei primi cinque numeri dispari ($1 + 3 + 5 + 7 + 9 = 25$)...
In generale, se indichiamo con *N un numero intero qualsiasi:*

Il quadrato del numero intero N è la somma dei primi N numeri dispari.

La stessa cosa si può dire in un altro modo:

Si ottengono via via i quadrati dei primi N numeri interi facendo via via le somme dei primi 1, 2, 3, 4, 5, 6, ... *N numeri dispari.*

Con questa regola abbiamo costruito i quadrati dei primi numeri, nell'*Appendice* n. 3. Naturalmente, si può andare avanti quanto si vuole.

Le moderne calcolatrici elettroniche preferiscono la numerazione «in base due»

La numerazione nostra, cioè quella indiano-araba, è decimale, vale a dire «in base dieci». Essa è basata infatti sulla scomposizione di un numero in unità, decine, centinaia, migliaia, decine di migliaia, centinaia di migliaia, ecc. Ora, cento è il quadrato di dieci (dieci per dieci), mille è il cubo di dieci (dieci per dieci per dieci). Diecimila è la quarta potenza di dieci (dieci per dieci per dieci per dieci), e così via. Il valore di una cifra dipende dal posto; un «uno» messo in un posto vale *dieci* volte di più dello stesso «uno» collocato nel posto seguente, dieci volte di meno di un «uno» scritto al posto precedente. Si scrive, come sapete: 10^2, 10^3, 10^4, ecc. (dieci al quadrato, dieci al cubo, dieci alla quarta potenza, ecc.) per indicare le successive *potenze* del dieci; in generale, indicando, al solito, con la lettera n un numero intero qualsiasi, il simbolo 10^n indica il prodotto di n fattori tutti uguali a 10, e si legge: 10 alla «ennesima» potenza, oppure 10 elevato a n, o anche, più brevemente, «10 alla ennesima».

Prendiamo un altro numero, per esempio il numero 5, e facciamone le successive potenze: $5^2 = 25$; $5^3 = 125$; $5^4 = 625$; ecc. Invece di dividere un numero, e sia per esempio il numero «centocinquantasei», in unità, decine, centinaia, possiamo benissimo dividerlo in unità, «cinquine», «venticinquine», «centoventicinquine». Centocinquantasei è uguale a:

$$125 + 25 + 5 + 1;$$

una «centoventicinquina» più una «venticinquina» più una «cinquina» più una «unità».

Supponiamo ora che su qualche lontano pianeta viva una stirpe di esseri intelligenti con una sola mano, fornita di cinque dita: possiamo essere quasi certi che gli «Unìmani» scriveranno il numero centocinquantasei, cioè centoventicinque + venticinque + cinque + uno, in questo modo:

$$1\ 1\ 1\ 1.$$

Essi attribuiranno cioè alle cifre il seguente valore di posizione: all'ultimo posto unità, al penultimo cinquine, al terzultimo venticinquine, al quartultimo centoventicinquine, e così via. Partendo dalla base *cinque,* procederanno cioè con le successive potenze del cinque così come noi, dotati di dieci dita, partendo dalla base dieci procediamo per potenze del dieci. Cosa vorrà dire per gli «Unìmani» (cioè in «base cinque») la scrittura 42?

Vorrà dire due unità più quattro cinquine, vorrà dire cioè ventidue. E la scrittura 2 2 3?

Ma naturalmente, sessantatré = 3 + 2 x 5 + 2 x 25. Per altri esempi e problemi, vedi l'*Appendice* n. 5.

Gli «Unìmani», naturalmente, avranno molti svantaggi pratici per il fatto di avere una mano e cinque dita meno degli uomini; nella scrittura dei numeri hanno però un piccolo vantaggio, insieme a uno svantaggio. Vediamo subito l'uno e l'altro.

Lo **svantaggio**, come avrete già notato, è che un numero per il quale in base dieci bastano *due* cifre, come il «sessantatré» dell'esempio, loro lo debbono scrivere con *tre* (e andando avanti lo scarto aumenta);

il **vantaggio** è che essi hanno bisogno solo di cinque simboli, invece dei nostri dieci; hanno bisogno solo delle cifre 0, 1, 2, 3, 4. Già, perché per loro cinque si scrive... 10 = una cinquina + zero unità; sei si scrive 11, sette 12, mentre otto si scrive 13, nove 14; il numero dieci, poi, si scrive... 20 (due cinquine, zero unità); il quindici si scrive 30, il venti si scrive 40, mentre al venticinque corrisponde già il simbolo 100 (una venticinquina, nessuna cinquina, nessuna unità).

Lo stesso gioco si può ripetere prendendo come *base* un qualsiasi altro numero, considerandone le successive potenze, e dividendo infine un qualsiasi numero dato in un certo numero di unità, di multipli della base, di multipli del quadrato della base, ecc. (vedi *Appendice* n. 5).

Qualcuno dirà: è un gioco. Noi non siamo «Unìmani», abbiamo l'abitudine di calcolare per decine, centinaia, migliaia; è inutile che ci confondiamo la testa con cinquine e venticinquine. Un momento! Ben difficilmente una conquista dell'uomo è definitiva, è eterna: per quanto geniale, per quanto utile essa sia, viene il momento nel quale un'altra scoperta le fa concorrenza, perché più utile, più comoda, più semplice della precedente, almeno in certe questioni. Qualcosa del genere sta accadendo per la numerazione *posizionale* in base dieci. Settecentocinquanta anni dopo il libretto di Leonardo Pisano, mille-duecento anni dopo la storica ambasceria degli indiani alla Corte del Califfo, la numerazione posizionale in base dieci ha una pericolosa rivale, che non la soppianterà probabilmente mai nei conti della spesa, ma che ha già preso il suo posto in importanti calcoli ultramoderni: la numerazione posizionale in «base due».

Oggi si sente spesso parlare delle meravigliose *calcolatrici elettroniche.* Sono macchine che riempiono, con le loro valvole, i loro circuiti, le loro apparecchiature complicate e delicate, gli scaffali di una o più grandi stanze; sono capaci di fare, in qualche minuto, calcoli che richiederebbero mesi, e talvolta anni, di lavoro per una squadra di bravissimi matematici. Ma in che cosa consiste la risposta delle macchine elettroniche alla domanda che viene loro rivolta? È una scheda perforata (vedi figura 4).

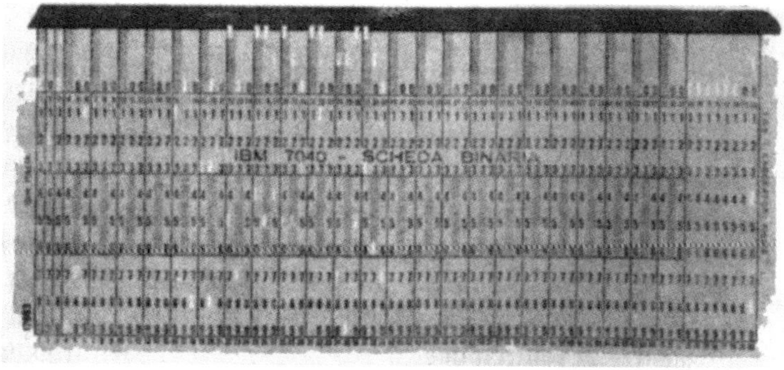

Figura 4

Infatti, per quanto complicata e ingombrante, alla fin dei conti la macchina si limita a registrare se, a un dato istante, *passa o no corrente.* Le possibilità perciò sono soltanto due; passa corrente, non passa; *sì, no;* foro, niente foro; o, se vogliamo usare le parole che ora scriverò al posto delle precedenti: *uno, zero* (*uno* per esempio sarebbe il *foro, zero* il *pieno,* o viceversa). Insomma, la povera macchina può scrivere solo due cifre: foro, o non foro, *uno* o *zero.* La sua risposta però deve essere un numero: come si può scrivere un qualsiasi numero con due sole cifre?

Dopo quello che si è detto, la cosa è abbastanza semplice: occorrerà scrivere i numeri in «base due» (*numerazione binaria*). Poiché le successive potenze del due sono quattro, otto, sedici, trentadue ecc. occorrerà decomporre il numero dato in unità, in coppie, in quartetti, in ottetti e così via. E poiché due unità fanno una coppia, di unità se ne dovrà prendere o una (se il numero è dispari), o nessuna, se il numero è pari (e perciò divisibile in coppie senza avanzo); poiché due coppie fanno un quartetto, di coppie se ne dovrà prendere o una, o nessuna, e così via. Per scrivere un numero bastano perciò le due sole cifre 0 e 1 (o, se volete, «pieno» e «foro» della scheda). Ma studiate l'*Appendice* n. 6: è più chiara di un discorso generale, necessariamente condensato.

2. I triangoli

La scienza più antica è la geometria

L'umanità, nella sua storia, ha studiato la matematica in ordine inverso a quello seguito nelle nostre scuole, o quasi. Infatti, la numerazione decimale (arabica-indiana) è la prima cosa che si impara, appena si va a scuola, ed è stata invece – come abbiamo visto – una tarda conquista di una umanità già dottissima in *geometria.* Si potrebbe dire, addirittura, che la geometria è di parecchie migliaia d'anni più vecchia dell'aritmetica: si può dire senz'altro che la geometria è stata la prima vera scienza costruita dall'uomo, la sola vera scienza dell'antica Grecia; già adulta quando la fisica, la chimica, la biologia, la geologia non erano ancora – si può ben dire – nate, quando la medicina muoveva i primissimi passi. La sola astronomia era abbastanza sviluppata: ma che cos'era l'astronomia dei Caldei, degli Egiziani, dei Greci, se non geometria?

Navigazione vuol dire astronomia e astronomia vuol dire geometria: ecco perché gli antichi popoli navigatori del Mediterraneo dovettero diventare ottimi geometri. Ma anche architettura vuol dire geometria; e soprattutto vuol dire geometria la *agrimensura.* Infatti, *agri-mensura* è la traduzione letterale, in latino, del greco geometria: in italiano, misurazione (*metria*) del suolo (cioè della terra, che in greco si dice *gè:* ricorderemo Gea, la dea della Terra).

I Greci avevano un vero e proprio culto per la geometria, che portarono a un alto grado di perfezione. La consideravano, come oggi si usa dire, una scienza formativa, cioè una scienza che abitua a ragionare, che affina l'intelligenza: dicevano anzi che non bisognava studiarla con scopi pratici, ma per «l'onore della mente umana». Platone, il grande filosofo allievo di Socrate, nella sua scuola, (l'Accademia) nella quale si discutevano i più difficili problemi della logica, della politica, dell'arte, della vita e della morte, aveva fatto scrivere in alto sulla porta: «Non entri nessuno che non sia geometra». Diceva anche Platone, che «Dio stesso geometrizza», e intendeva probabilmente con ciò affermare che l'Universo è costituito secondo forme e leggi geometriche. Questo culto della geometria come scienza sovrana, che dà la chiave per comprendere l'universo tutto, era ancora vivissimo nel sommo Galileo Galilei (1564-1642). Ecco cosa scriveva Galilei: «Questo grandissimo libro che continuamente ci sta aperto innanzi agli occhi (io dico l'universo)... non si può intendere se prima non s'impara a intendere la lingua, e conoscere i caratteri nei quali è scritto. Egli è scritto in lingua matematica e i caratteri sono triangoli, cerchi e altre figure geometriche...».

Tuttavia, la geometria greca restò fedele al significato letterale del suo nome: gli studiosi greci si occuparono soprattutto di misure: misure di lunghezze, di aree, di volumi. Per misurare, svilupparono alcune teorie, che ancora oggi si imparano nelle scuole pressappoco nella forma che ad esse ha dato duemila e duecento anni fa Euclide: la teoria della *similitudine* e la teoria dell'*equivalenza.* Non possiamo davvero farne un'esposizione ordinata (del resto, già la dà la scuola); vorremmo però, con qualche esempio, farne vedere la portata e la genialità.

Talete misura la piramide di Cheope con un bastone, due ombre e un'idea

Quando il saggio Talete di Mileto, circa seicento anni prima della nascita di Cristo si trovava in Egitto, gli fu richiesto da un messo del faraone, a nome del sovrano, di calcolare l'altezza della piramide di Cheope: correva infatti voce che il sapiente sapesse misurare l'altezza di elevate costruzioni per arte geometrica, senza salirvi sopra. Talete si appoggiò a un bastone: attese fino al momento in cui, verso la metà della mattina, l'ombra del suo bastone, tenuto verticale, aveva lunghezza uguale al bastone stesso; disse allora al messo: «Va', misura subito l'ombra della piramide: essa in questo momento è lunga quanto la piramide stessa».

Per essere preciso, Talete avrebbe dovuto dire di aggiungere all'ombra della piramide metà del lato della base di essa perché la piramide ha una base larga, che ruba una parte dell'ombra che avrebbe se avesse la forma di un palo diritto e sottile; può darsi ch'egli l'abbia detto, anche se la leggenda non lo riferisce, forse per non guastare, con troppi particolari tecnici, una risposta ch'era bella nella sua semplicità.

Per non complicare le cose, pensiamo a un campanile sottile e aguzzo invece che a una piramide: con un nostro bastone, comunque lungo, e a qualsiasi ora del giorno (purché non ci siano nuvole!) mettiamoci a misurare il campanile: con *un bastone, due ombre,* e *un'idea.*

Supponiamo, dapprima, che il campanile sia verticale, cioè eretto perpendicolarmente al suolo, come quello di San Marco e non sia pendente come la Torre di Pisa o la Garisenda a Bologna. Mettiamo allora verticale anche il nostro bastoncino e misuriamo la sua ombra (con un metro, per esempio: volendo anche con il bastoncino stesso, preso come metro). Supponiamo di trovare, per esempio, che l'ombra è due volte più lunga del bastoncino. Allora, anche l'ombra del campanile sarà in quel momento due volte più lunga del campanile; perciò, per avere l'altezza del campanile, basterà misurarne l'ombra con un metro, e dividere il numero ottenuto per 2. La spiegazione geometrica è la seguente. Il bastoncino verticale, la sua ombra, e il raggio solare che va dalla punta del bastoncino alla fine dell'ombra (vedi figura 5) formano un triangolo rettangolo. Il campanile verticale, la sua ombra, il raggio solare che va dalla cima del campanile all'estremo della sua ombra formano un altro triangolo rettangolo, che ha la stessa forma del precedente, perché gli angoli sono uguali nei due triangoli (le ombre sono prese nello stesso momento, e perciò i raggi solari hanno tutti la stessa inclinazione). Sono, dunque, triangoli della stessa forma, cioè *simili*; quello del campanile è perciò *come quello* del bastoncino, ma ingrandito. Poiché i due triangoli, come si è detto, hanno la stessa forma, nel passaggio dal più piccolo al più grande debbono essere rispettate le proporzioni: cioè, se l'ombra del bastone è il doppio del bastone, anche l'ombra del campanile sarà il doppio del campanile. Volendo si potrebbe misurare anche ombra con ombra e altezza con altezza (campanile con bastone), invece di confrontare ogni altezza con la relativa ombra. Si potrebbe cioè ragionare così: «Se l'ombra del campanile è lunga cento volte

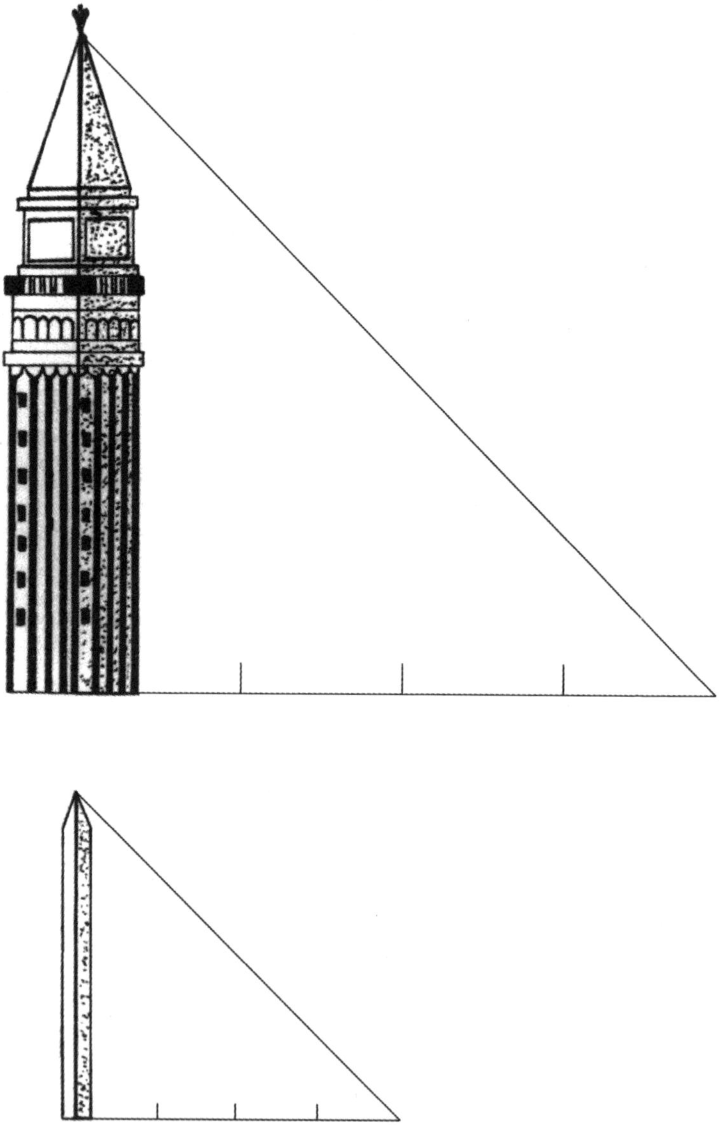

Figura 5

l'ombra del bastone, allora il campanile è lungo cento volte il bastone». Si dirà allora che le quattro grandezze: ombra del campanile, ombra del bastone, campanile, bastone sono in *proporzione* nell'ordine dato, e una frase come quella di prima tra virgolette assumerà l'espressione matematica più generale:

«L'ombra del campanile sta all'ombra del bastone come il campanile sta al bastone».

Ma abbiamo visto un momento fa che **«l'ombra del campanile sta al campanile come l'ombra del bastone sta al bastone»**, perciò si può da una proporzione ottenerne un'altra, che ha la stessa validità della prima, scambiando tra di loro di posto le grandezze intermedie, seconda e terza: è una delle regole che permettono di lavorare sulle proporzioni, il cosiddetto *permutando i medi.*

Non è poi necessario che i due triangoli simili abbiano un angolo retto per stabilire le proporzioni sopra scritte tra i loro lati. Basta che ciascuno degli angoli di un triangolo sia eguale al corrispondente angolo dell'altro triangolo. Così, il ragionamento fatto per un campanile verticale potrà essere ripetuto per la Torre di Pisa purché si tenga il bastone inclinato come la torre (vedi figura 6).

Insomma, in generale: «se due triangoli hanno gli angoli uguali, allora i lati corrispondenti sono in proporzione»: cioè, se un lato dell'uno è lungo «tante volte» il lato corrispondente dell'altro, allora un altro lato dello stesso triangolo è lungo «altrettante volte» il lato corrispondente dell'altro.

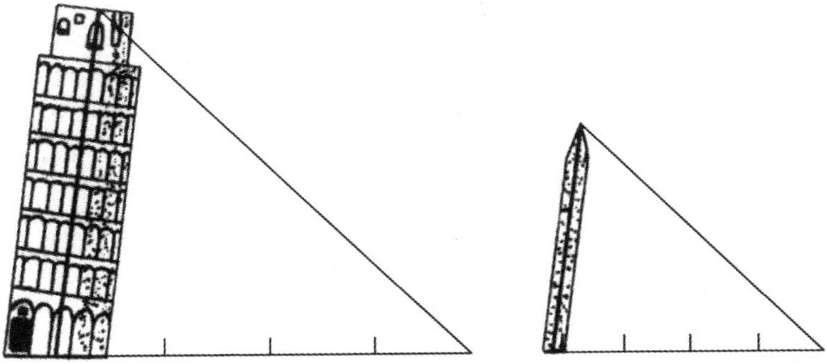

Figura 6

Storia e leggenda del teorema di Pitagora

I geometri greci portarono a un altissimo grado di perfezione, tecnica e logica, lo studio delle proporzioni tra grandezze, in particolare il confronto tra figure *simili.* Essi basarono su tale studio il calcolo non solo di lunghezze incognite (come l'altezza della piramide di Cheope) ma anche delle aree di molte figure piane limitate da rette, o dei volumi di solidi limitati da piani. Per confrontare le aree di due figure piane simili (cioè della stessa forma) occorre confrontare non più i lati corrispondenti, ma i *quadrati* dei lati corrispondenti. Un semplicissimo esempio ve ne convincerà. Supponiamo che la *scala di una carta topografica* sia tale che in essa alla lunghezza di un centimetro corrisponda la distanza reale di un chilometro. Prendiamo sulla carta due quadratini: quello che ha il lato lungo un centimetro, quello che ha il lato lungo due centimetri. Essi sono simili, perché hanno gli angoli uguali (quattro angoli retti: tutti i quadrati sono simili tra di loro), e il *rapporto* dei lati è di uno a due, cioè ogni lato del secondo è il doppio del corrispondente lato del primo. Ma il secondo quadrato si può decomporre non già in due quadrati uguali al primo, bensì in quattro (vedi figura 7), perciò rappresenterà sulla carta una regione che ha l'area non di due, ma di quattro chilometri quadrati.

Così, se il lato del secondo fosse stato tre volte quello del primo, l'area del secondo sarebbe stata nove volte l'area del primo (vedi figura 7). Ma nove è il quadrato di tre, così come quattro è il quadrato di due: in generale, *il rapporto delle aree di due quadrati è il quadrato*

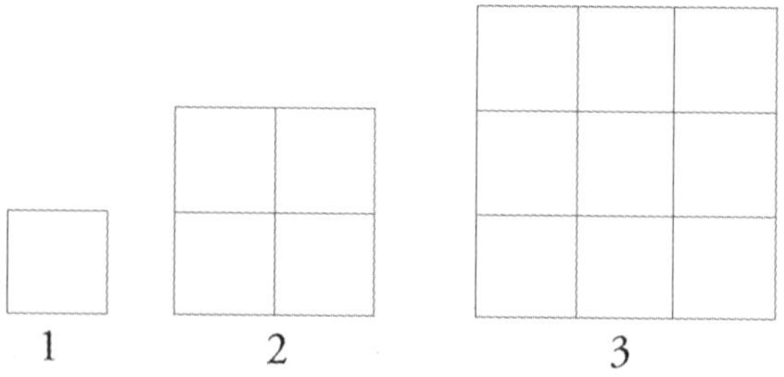

Figura 7

del rapporto dei lati. La stessa regola vale per rettangoli simili e allora anche per triangoli simili (rettangoli, o no). Già: infatti se ho due triangoli (rettangoli) simili e li raddoppio ottengo due rettangoli simili: e allora il loro rapporto sarà uguale a quello dei corrispondenti rettangoli simili. (Ma la cosa è vera anche per triangoli simili *qualunque*). La *teoria della similitudine* – lo ripetiamo – fu costruita dai greci tanto perfettamente che ancora oggi la si studia nella scuola media più o meno come la studiavano i ragazzi di Atene o Alessandria d'Egitto sugli *Elementi* di Euclide, duemila e trecento anni fa.

Io sono d'accordo però con gli studiosi che pensano che il calcolo delle aree, in un primo momento, i Greci lo abbiano fatto per una via più semplice e naturale di quella basata sul confronto di figure simili, e, in generale, sulle proporzioni. Prendiamo un esempio famoso; quello di Pitagora e del suo teorema:

«In un triangolo rettangolo, l'area del quadrato costruito sull'ipotenusa è uguale alla somma delle aree dei quadrati costruiti sui due cateti»

(l'ipotenusa è il lato più lungo, quello opposto all'angolo retto; i cateti sono i lati minori, «adiacenti» – cioè vicini – all'angolo retto). La leggenda dice che Pitagora comprese tanto bene l'importanza della sua dimostrazione, da ordinare una ecatombe, cioè il sacrificio di cento buoi agli dèi, in segno di ringraziamento e di gioia. Naturalmente, sulla scoperta di Pitagora non abbiamo né giornali, né libri, né riviste dell'epoca, perché a quell'epoca non c'erano né giornali, né libri, né riviste. Abbiamo solo leggende o meglio storie raccontate da scrittori vissuti secoli e secoli dopo.

Tuttavia, molte ragioni ci inducono a credere alla «storia di Pitagora». Forse non si sarà chiamato Pitagora, forse non avrà ucciso cento buoi ma uno solo, o forse non avrà sacrificato neanche un agnellino: tutto questo può essere leggenda. Ma che uno studioso della Magna Grecia (con questa espressione s'indicavano l'Italia meridionale e la Sicilia), vissuto seicento anni prima di Cristo, abbia dimostrato, con un ragionamento generale, la relazione che chiamiamo di Pitagora tra i quadrati dei cateti e quello dell'ipotenusa, per ogni possibile triangolo rettangolo, questa crediamo sia storia, cioè verità. Sappiamo con certezza che, già molti e molti secoli prima di Pitagora, in Egitto, in Caldea, erano ben noti esempi di triangoli rettangoli sui quali si poteva controllare praticamente la verità della relazione detta più sopra. Per esempio, se i due cateti sono di lunghezza 3 e 4 (metri o centimetri ecc., quello che si voglia assumere come unità di misura) si verifica con l'esperienza che allora l'ipotenusa è di lunghezza 5 (rispetto alla stessa unità di misura). Si controlla poi che il quadrato di 3 più il quadrato di 4 è uguale al quadrato di 5, vale a dire che: $3^2 + 4^2 = 9 + 16 = 25 = 5^2$. Sappiamo inoltre che al tempo di Pitagora, nelle isole greche e nella Magna Grecia, la geometria si trasforma da raccolta di regole pratiche e di osservazioni staccate, come quella che ora abbiamo ricordato, in scienza razionale, cioè in ragionamenti generali sulle figure in generale (non più su quel triangolo rettangolo, di lati 3, 4, 5 o su quell'altro, ma su tutti i triangoli rettangoli).

Dunque Pitagora – ecatombe o non ecatombe – dimostrò veramente circa seicento anni prima della nascita di Cristo che
«la somma dei quadrati dei due cateti, in un triangolo rettangolo, è sempre uguale, o meglio *equivalente*, al quadrato dell'ipotenusa».

Ma, pur convinti che Pitagora lo abbia dimostrato, ci chiediamo: come l'avrà dimostrato?

La dimostrazione di Pitagora, con due diverse scomposizioni di un quadrato

La dimostrazione del teorema di Pitagora, che di solito si studia a scuola, non è certamente di Pitagora. Anzitutto, è troppo difficile per i tempi di Pitagora: poi, sappiamo da un certo Proclo «commentatore» degli *Elementi* di Euclide, che quella dimostrazione l'ha inventata Euclide stesso. Allora? La scelta è difficile. Infatti, un matematico francese, Fourrey, che al principio del XX secolo si è divertito a raccogliere tutte le dimostrazioni conosciute del famoso teorema, ne ha messe insieme... una cinquantina. Noi crediamo però che abbia ragione un matematico del 1700, il Bretschneider, che cioè la dimostrazione originale di Pitagora sia quella che ora esponiamo, con l'aiuto di due figure.

Nella prima figura noi prendiamo il quadrato che ha per lato A + B, somma dei due segmenti A e B, e lo dividiamo in varie parti: il quadrato di lato A, quello di lato B, due rettangoli di lati A e B; dividendo a metà, con la diagonale, ciascuno dei due rettangoli di lati A e B, otteniamo al loro posto *quattro* triangoli rettangoli di cateti A, B.

Nella seconda figura noi prendiamo lo stesso quadrato, cioè il quadrato della somma A + B, di due segmenti A e B, ma lo decomponiamo (lo tagliamo a pezzi) in modo diverso. Vengono così fuori ancora *quattro* triangoli rettangoli di cateti A e B, più però, questa volta, un *unico quadrato,* quello che ha per lato l'ipotenusa del triangolo rettangolo di cateti A e B, (per chi dubita che sia un quadrato, vedi *Risposte a dubbi, Appendice* n. 19). Abbiamo allora due quadrati uguali (quelli grandi, di lato A + B); se da essi, tanto dall'uno quanto dall'altro, tagliamo via una stessa area, cioè quella dei quattro triangoli rettangoli con cateti A e B, le parti che restano avranno ancora area uguale: ma le parti che restano sono, nella prima figura, la somma dei quadrati dei cateti A e B, nella seconda il quadrato dell'ipotenusa. Il teorema di Pitagora è dimostrato; probabilmente, al modo di Pitagora.

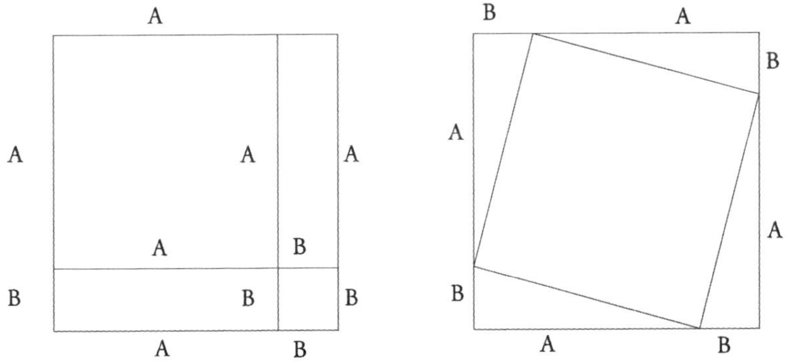

Figura 8

3. Le misure

Numero e misura

Abbiamo già detto che la geometria è, anzitutto, la scienza della *misura;* misura di lunghezze, di aree, di volumi. La prima, e più semplice, misura, è quella di una lunghezza. Poiché la *misura è un confronto,* occorrerà sempre misurare una lunghezza rispetto a un'altra lunghezza (e così un'area rispetto ad un'altra, un volume rispetto a un altro). Conviene fissare una volta per tutte una delle due lunghezze, cioè confrontare una lunghezza qualsiasi sempre con una stessa lunghezza fissa. Conviene, insomma, fissare un'unità di misura, un metro. Fintantoché gli scambi e i rapporti culturali tra i vari paesi erano scarsi, in ogni paese si usavano metri diversi: per es. *pollici, piedi, yarde, miglia* in Inghilterra, *arscin* e *verste* in Russia, *cubiti, stadii* e *miglia* nell'antichità classica, e così via. Con lo sviluppo dei commerci, delle comunicazioni, degli scambi culturali, e per merito soprattutto degli scienziati, sono state fissate nel XIX secolo alcune unità di misura internazionali, ed è stato anzi addirittura fondato un Ufficio internazionale dei pesi e delle misure, che ha sede a Parigi. In questo ufficio c'è una *lunghezza-campione,* quella con la quale e rispetto alla quale si devono misurare tutte le altre: il *metro* per eccellenza, una sbarra di platino che è, all'incirca, la quarantamilionesima parte del meridiano terrestre.

Fissato il metro, si determina la misura di una lunghezza (o segmento) con le seguenti operazioni:

1. Si fa coincidere l'inizio del metro con l'inizio del segmento; poi si sovrappone il metro al segmento e si segna il punto del segmento che combacia con la fine del metro; si ricomincia l'operazione a partire da questo nuovo punto, e la si ripete fintantoché o la fine del metro combacia con la fine del segmento, oppure il pezzo che

avanza è minore del metro.

Nel **primo caso**, se, per esempio, il metro è stato «riportato» esattamente 5 volte e non ci sono «avanzi», si dirà che la misura del segmento è di 5 metri esatti.

Nel **secondo caso**, supponiamo che invece, dopo aver riportato il metro 5 volte, avanzi un pezzo del segmento più piccolo di un metro: diremo che il segmento è lungo più di 5 metri, ma meno di 6 metri. Cinque metri è una sua *misura approssimata per difetto,* 6 metri una misura *approssimata per eccesso*: l'approssimazione è fatta «a meno di un metro» (vedi figura 9).

2. Se c'è avanzo, minore di un metro, lo si misura con la decima parte del metro: il *decimetro.* Se il tratto avanzato può essere misurato esattamente col decimetro, abbiamo finito, perché abbiamo trovato la misura esatta in metri e decimetri. Per esempio, nel nostro caso, se l'avanzo è ricoperto esattamente da 4 decimetri uno dopo l'altro, la misura esatta dell'intero segmento sarà 5 metri e 4 decimetri; 5,4 metri. Se invece c'è ancora un avanzo, questa volta più piccolo di un decimetro, in metri e decimetri avremo solo una misura approssimata; per es. *più* di 5,4 metri, *meno* di 5,5. Allora cerchiamo di ricoprire esattamente il nuovo avanzo con un certo numero di *centimetri,* cioè di decimi di decimetro: se riusciamo, abbiamo finito, altrimenti ci sarà un nuovo avanzo, che cercheremo di ricoprire esattamente con un certo numero di decimi di centimetro, cioè di millimetri...

E così via, finché...

Fino a che cosa? In pratica fino a che l'avanzo è trascurabile rispetto allo scopo che ci proponiamo con la misura. Se si deve misurare una lunga strada rettilinea, già i decimetri sono trascurabili; se

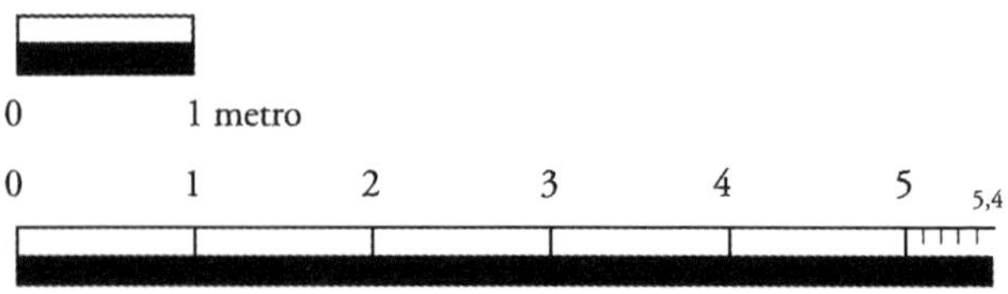

Figura 9

misuriamo una statura, in generale trascuriamo i millimetri; l'operaio che deve costruire ingranaggi e congegni molto precisi, dovrà essere esatto forse fino al decimo di millimetro; lo scienziato in laboratorio non potrà trascurare neppure i *micron,* i millesimi di millimetro. Tutti però, agrimensori e operai, tecnici e scienziati, a un certo momento si fermano, si accontentano di una approssimazione. Tutti, tranne il matematico.

Al matematico non interessa il risultato praticamente utile ma il procedimento della misura. Il matematico si chiede:

«questo procedimento deve arrestarsi a un certo momento? si deve poter arrivare in ogni caso a una misura esatta, sia pure con milioni di cifre decimali? o invece vi sono dei casi nei quali un avanzo, sempre più piccolo, continua a esserci fino all'infinito?».

I matematici hanno trovato una risposta al loro problema. La risposta può destare un certo stupore: esistono delle lunghezze che non possono essere misurate con esattezza da un dato metro, neppure ricorrendo a miliardesimi di miliardesimi di metro, o a parti di metro ancora più vertiginosamente piccole. Occorre allora introdurre una grande divisione in due categorie della lunghezza rispetto a un dato metro:

1ª *categoria.* Lunghezze (segmenti) che possono essere misurate esattamente, sia pure ricorrendo ai decimi, centesimi, millesimi e ai successivi «sottomultipli» decimali del metro stesso. I segmenti di questa prima categoria si chiamano *commensurabili* col metro: la loro misura è un numero decimale che può sempre essere ridotto a una frazione, cioè a un *numero razionale,* anche se eventualmente è periodico (dicesi così un numero decimale con infinite cifre che, a cominciare da un determinato punto, si ripetono a gruppi eguali fra loro). Insomma, se avendo diviso il metro in un certo numero, n, di parti, il segmento contiene m di queste parti, allora la sua misura rispetto al metro, cioè il *rapporto* del segmento al metro, è la frazione m/n.

2ª *categoria.* Lunghezze (segmenti) per le quali ci si deve necessariamente accontentare di una misura approssimata rispetto al metro. I segmenti di questa seconda categoria si dicono *incommensurabili* col metro. La loro misura conduce a una successione senza fine (e non periodica) di cifre decimali; è, se vogliamo, un numero con infinite cifre decimali e non periodico, un *numero irrazionale.*

Questi risultati profondi sono dovuti al pensiero degli antichi Greci. Si fa risalire a Pitagora la prima dimostrazione della incommensurabilità di due segmenti, cioè la dimostrazione del fatto che in un quadrato la diagonale non può essere misurata esattamente (con una frazione) prendendo come metro il lato. La dimostrazione può essere compresa da un ragazzo intelligente; tuttavia, per non interrompere il discorso, la mettiamo a parte (vedi *Appendice* n. 8). Una teoria completa e rigorosa dei rapporti tra segmenti è opera e gloria di Euclide e del suo geniale predecessore Eudosso.

Le grosse difficoltà cominciano con le linee curve

Anche misurare un segmento di retta, dunque, presenta serie difficoltà, e porta ad ardui problemi e a inattese scoperte.

È però chiara l'idea fondamentale, quella del confronto tra un segmento di linea retta e un metro lineare, diritto, mediante successive sovrapposizioni. Ma, come dobbiamo intendere le cose quando, invece, dobbiamo misurare con un metro diritto una linea curva?

La prima idea che viene in mente è quella di prendere un metro curvabile, per esempio una corda lunga un metro. È questa la prima idea che è venuta in mente agli uomini per misurare la lunghezza della linea curva più semplice, e in un certo senso più importante di tutte: la *circonferenza.* Ne abbiamo un documento molto autorevole nientemeno che nel *Libro primo dei Re,* della Bibbia, là dove si parla del tempio costruito da Salomone a Gerusalemme tra il 1014 e il 1007 prima di Cristo. Il re Salomone costruì un grande bacino di bronzo, circolare, «di 10 cubiti da un bordo all'altro bordo», cioè, diremmo noi, di dieci cubiti di diametro (il cubito era una misura di lunghezza, uguale, si crede, a circa 1/2 metro). «Una corda di 30 cubiti ne faceva il giro». Secondo il *Libro dei Re,* dunque, la circonferenza (il «giro») di un circolo è il triplo del suo diametro (*30* è

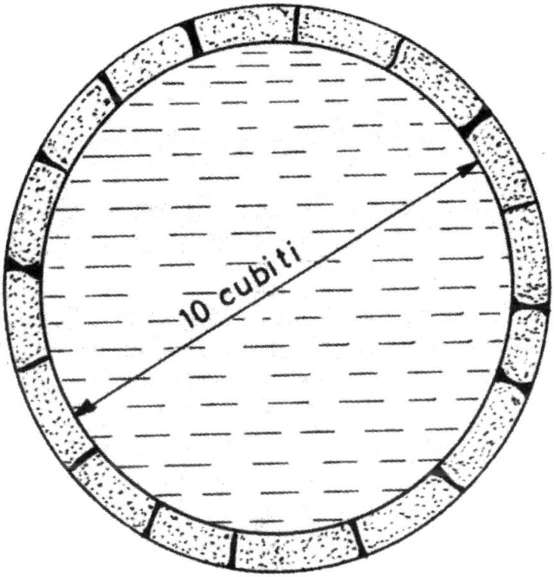

Figura 10

uguale a tre volte 10). Ora, l'errore è abbastanza grosso: è, potremmo dire, un errore... cubitale, perché appunto, misurando con più attenzione, si sarebbe visto, che, nel caso del giro della vasca di Salomone, occorreva aggiungere un altro cubito di corda, e per essere perfetti ancora quattro decimi di cubito, e poi ancora un pezzetto.

Il sistema della corda per misurare la circonferenza è molto imperfetto, per le inevitabili approssimazioni nelle operazioni di misura, e non ci permette di andare più in là dei centimetri o dei millimetri: il sistema non serve per stabilire la misura, approssimata quanto vogliamo, di ogni circonferenza in «metri-diametri» (cioè prendendo il diametro come metro). Siamo nel caso disgraziato che abbiamo studiato poco fa (vedi *Appendice* n. 8) quando tentavamo di misurare la diagonale di un quadrato con il «metro-lato». Vediamo infatti quanti diametri stanno nella circonferenza: sono tre, ma avanza un pezzo più piccolo di un diametro. Misuriamo questo primo avanzo in decimi di millimetro: c'entra un decimo di diametro, ma avanza ancora un pezzo, più piccolo di un decimo di diametro. Misuriamo questo secondo avanzo in centesimi di diametro: ce ne entrano 4, ma avanza ancora un piccolo pezzo di circonferenza, più piccolo di un centesimo di diametro.

A questo punto, praticamente, se non abbiamo a nostra disposizione strumenti di misura molto precisi, ci dobbiamo fermare perché ciò che avanza è troppo piccolo per i nostri sensi, se il diametro preso e quindi la circonferenza non sono giganteschi. Però, con il pensiero e il ragionamento, possiamo procedere, e possiamo dimostrare (ma è troppo difficile spiegarlo in questa nostra semplice storia) che c'è sempre un avanzo, sempre più piccolo beninteso, per quanto si vada avanti nella misura, per quanto cioè si ricorra a frazioni sempre più piccole dell'unità di misura, e per quanto di conseguenza si impiccoliscano i resti.

Un'idea geniale di Archimede

Di Archimede tutti, anche i bambini, hanno sentito parlare qualche volta. Ne conosceva il nome anche il famoso don Abbondio dei *Promessi Sposi* che pure era un povero prete di campagna di poca cultura. Ricordate mentre leggeva tranquillo un libro, la sera nella quale (poco più tardi) sarebbero venuti da lui Renzo e Lucia, con i testimoni Tonio e Gervaso, per il matrimonio di sorpresa? Era un libro in onore di San Carlo.

«Il santo v'era paragonato, per l'amore allo studio, ad Archimede; e fin qui don Abbondio non trovava inciampo, perché Archimede ne ha fatte di così curiose, ha fatto dir tanto di sé, che, per saperne qualche cosa, non c'è bisogno di un'erudizione molto vasta».

È anche ben noto che Archimede morì, nel 212 prima di Cristo, quando i Romani conquistarono la sua città, Siracusa, che egli (dice la leggenda) aveva ingegnosamente difeso con i famosi *specchi ustori,* i quali concentravano i raggi del sole sulle navi romane e le bruciavano, e con mille altre trovate, che (dice ancora la leggenda, per bocca dello storico Plutarco) avevano terrorizzato i Romani. Quando, finalmente, i soldati Romani invasero la città, Archimede se ne stava tutto assorto, meditando su alcune figure che aveva tracciato con il dito nella polvere di una strada: un soldato invasore stava per toccarle con il piede, e allora Archimede lo affrontò dicendogli: «*Noli tangere circulos meos!*» (non toccare i miei circoli). Il soldato adirato lo uccise (i Romani del resto, come è noto, al contrario dei Greci, erano ottimi soldati ma cattivi matematici).

Leggenda, questa volta, probabilmente. Ma in ogni leggenda un granello di verità c'è. Archimede che riflette sul circolo, e che è tanto preso in questa sua riflessione da non accorgersi degli incendi e delle stragi attorno a lui: questa è verità. Forse la verità della poesia, che però non è meno vera di quella delle riprese dirette alla televisione; e, molto spesso, è più vera.

Vero, certamente, che Archimede (forse il più grande genio scientifico di tutti i tempi) è stato il primo ad affrontare in modo sistematico e razionale (non con la cordicella, ma con la mente!) il problema della misura della circonferenza rispetto al suo diametro preso come metro. Ecco un altro bell'esempio dell'importanza del metodo. In fondo, sotto l'aspetto numerico, il risultato che Archimede espone nel suo libretto *Sulla misura del circolo* non è gran che migliore di quello che si potrebbe ottenere misurando con cura una circonferenza con una cordicella lunga quanto il diametro. Eccovi il risultato, con le parole stesse di Archimede:

«La circonferenza di un cerchio è uguale al triplo del diametro più una certa porzione del diametro che è più piccola di 1/7 del diametro e più grande dei 10/71-mi del diametro stesso».

Dividiamo 1 per 7: otteniamo un numero decimale (periodico) le prime cifre del quale sono: 0,142..., cioè un numero più grande di 142/100; perciò la circonferenza è più piccola di 3,142 volte il suo diametro.

Dividiamo 10 per 71: otteniamo un numero decimale le prime cifre del quale sono: 0,140; perciò la circonferenza è più grande di 3,140 volte il suo diametro.

Noi siamo abituati a scrivere in cifre decimali il *numero di Archimede,* il famoso π («pi greca») che ci dice, appunto, quante volte il diametro sta nella circonferenza (π è il *rapporto* tra la circonferenza e il diametro). La «traduzione» delle frazioni 1/7 e 10/71 nei decimali 0,142 e 0,140 ci dice, dunque, che il numero π è più grande di 3,140... e più piccolo di 3,142... Il valore approssimato che ci viene suggerito da Archimede è quello medio: 3,141...

È un passo in avanti molto piccolo nei calcoli (una cifra decimale esatta in più); è un passo avanti grandissimo nel metodo e nel pensiero. Anzitutto, poiché Archimede ragiona su tutti i possibili cerchi e non misura questo o quel cerchio con il «metro-diametro», siamo sicuri che il numero di volte che un diametro è contenuto nella circonferenza del suo cerchio è sempre lo stesso (cosa della quale non saremmo sicuri neppure dopo diecimila prove su diecimila cerchi, perché i cerchi non sono diecimila, ma infiniti). In secondo luogo, il metodo di Archimede (che ora spiegheremo) permette di trovare quante nuove cifre decimali esatte di π si vogliano, purché si abbia la pazienza di portare avanti calcoli sempre più fastidiosi. L'idea di Archimede, al solito, è geniale perché è semplice. Egli iscrive in una circonferenza dapprima il *poligono regolare* di 6 lati (esagono regolare) dividendo la circonferenza in sei archi uguali; poi quello regolare di 12 lati (dividendo a metà gli angoli al centro relativi all'esagono), poi quello regolare di 24 lati, poi di 48, poi di 96, continuando a dividere a metà angoli e relativi archi di circonferenze (vedi figure 11 e 12).

I perimetri di questi poligoni sono tutti racchiusi dentro la circonferenza e sono più piccoli di essa: la differenza diminuisce quando il numero dei lati aumenta (non abbiamo neppure disegnato i poligoni inscritti di 48 e di 96 lati, perché il disegno verrebbe

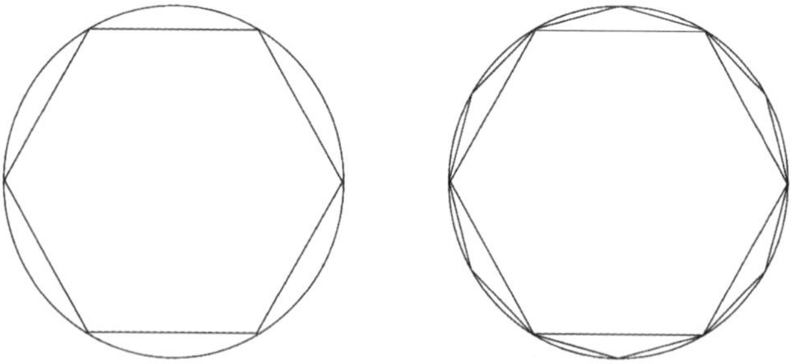

Figura 11

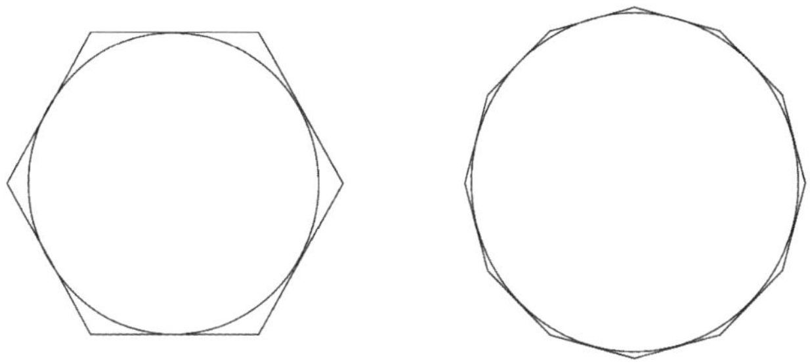

Figura 12

troppo confuso). Ora quel 3,140... = 3 + 1/7 volte il diametro è proprio il perimetro (il contorno) del poligono regolare di 96 lati iscritto (cioè tracciato dentro la circonferenza e coi vertici su questa), mentre quel 3 + 10/71 volte il diametro è la misura del poligono regolare di 96 lati circoscritto (cioè con tutti i lati tangenti la circonferenza).

Come si ragiona sui poligoni inscritti, così si può ragionare su quelli circoscritti. Questi ultimi però, più cresce il numero dei lati, più hanno i perimetri piccoli; anche per essi, aumentando il numero dei lati, il perimetro si avvicina alla circonferenza sempre di più, confondendosi con essa... se il numero dei lati tende a diventare *infinito.*

I Romani conquistarono Siracusa, ma non si impadronirono del metodo di Archimede, che fu invece perfezionato nella lontana India, tre secoli dopo, da Aryabhatta, grande matematico vissuto nel I secolo dopo Cristo. Aryabhatta dà per π il seguente valore:

$$\pi = \frac{62.832}{20.000} = 3{,}1416$$

È un valore tanto ben approssimato che è quello che ancora oggi si adopera praticamente (è approssimato *per eccesso;* il valore esatto è più piccolo: 3,14159...). Come aveva fatto a ottenerlo il matematico indiano dal difficile nome? Era andato avanti, prendendo anche i poligoni regolari di 192 (cioè due volte 96) lati, e di 384 (cioè due volte 192) lati.

Prendendo il diametro uguale a 100 (metri, per esempio, o centimetri, o quello che volete) trovava per la lunghezza dei perimetri (misurata rispetto al diametro uguale a 100) dei poligoni regolari inscritti di 6, 12, 24, 48, 96, 192, 384 lati, i seguenti valori:

per il poligono di	6 lati	√90.000
per il poligono di	12 lati	√96.461
per il poligono di	24 lati	√98.133
per il poligono di	48 lati	√98.555
per il poligono di	96 lati	√98.661
per il poligono di	192 lati	√98.687
per il poligono di	384 lati	√98.694

$$\text{Ora: } \frac{\sqrt{98.694}}{100} = 3{,}1416$$

Possiamo controllare facilmente solo che √90.000 misura il perimetro dell'esagono regolare (rispetto al diametro): 90.000 è il quadrato di 300, perciò √90.000 = 300. Poiché il diametro si è preso uguale a 100, il rapporto tra il perimetro dell'esagono regolare iscritto e il diametro è 3. Tutto giusto perché (come i più grandi hanno studiato a scuola) il lato dell'esagono regolare iscritto è uguale al raggio, cioè a metà del diametro, cioè nel nostro caso a 50; il perimetro ha sei volte il lato, cioè 300, e i conti tornano.

Un tratto di curva «infinitamente piccolo» è un tratto di retta?

Abbiamo già detto che, se provassimo a disegnare, nello spazio di una normale pagina di libro, un poligono regolare di un gran numero di lati, per esempio quello ora ricordato con 384 lati, iscritto in una circonferenza, i lati del poligono non si distinguerebbero più bene dai corrispondenti 384 archetti nei quali la circonferenza viene divisa. Figuriamoci poi se volessimo disegnare, nella stessa pagina, un poligono regolare di un milione di lati

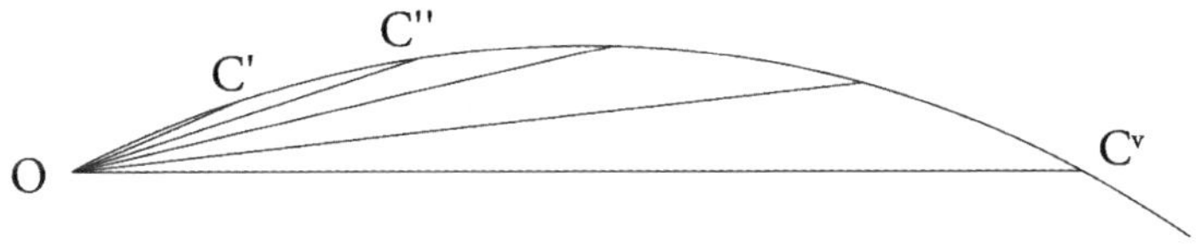

Figura 13

iscritto in una circonferenza, avente un diametro, necessariamente, di 10 o al più 20 centimetri (se no, non entra nella pagina!). Il piccolissimo lato del poligono sarebbe talmente piccolo da essere contenuto nello spessore del segno di lapis o di penna con il quale tracciamo il circolo. Nella pratica, infatti, necessariamente, noi non possiamo tracciare linee ideali, senza larghezza, senza spessore. Nella pratica perciò un segmentino di retta abbastanza piccolo si confonde con l'arco di una circonferenza abbastanza grande che passa per i suoi estremi. Lo stesso si può dire per ogni curva, per quanto... curvata sia.

Se una curva è poco incurvata, già un suo arco abbastanza grande si discosterà piuttosto poco dal tratto di retta (segmento) che ne congiunge gli estremi; ma, per quanto incurvata sia, sarà sempre possibile una divisione in archetti abbastanza piccoli, che si discostano quanto poco si vuole dai corrispondenti segmentini che congiungono gli estremi degli archetti, cioè dalle corrispondenti *corde.* Praticamente, quindi, si otterrà un valore approssimativo della lunghezza di un qualsiasi tratto di curva dividendolo in un gran numero di archetti, tracciando poi tutte le corde corrispondenti agli archetti, misurando quindi le singole corde, e facendo infine la somma delle misure ottenute. Anzi, quanto più piccoli sono gli archetti nei quali si suddivide la curva, tanto più la *poligonale,* ovverosia la linea spezzata costituita dalle corde, si avvicinerà alla curva, tanto più piccolo sarà l'errore che si commette prendendo come misura della curva la misura della poligonale.

Tutto bene; ma la misura esatta della lunghezza della curva? La si può ottenere con questo procedimento? Per ottenerla, dovremmo immaginare di dividere la curva non più in *molti* archi assai piccoli, ma addirittura in *infiniti* archi infinitamente piccoli; dovremmo immaginare la circonferenza, per esempio, come un poligono regolare di infiniti lati puntiformi; quindi tanto piccoli da non poter essere ulteriormente divisibili a metà: cioè indivisibili.

Ecco un'idea che, se ci pensate bene, non è poi gran che difficile, ed è molto attraente. L'idea è in realtà molto antica; ma, appunto perché la geometria greca era molto sviluppata e perfezionata, non poteva essere accettata dai Greci in questa forma tanto poco precisa, tanto immaginosa. Infiniti lati infinitamente piccoli: è una frase che suona bene, ma quale significato preciso ha? I Greci volevano che, in geometria, non si usasse nessuna parola non bene definita, e perciò non ammettevano che si introducesse nei ragionamenti una cosa così vaga e indeterminata quale è l'infinito: l'infinitamente grande e l'infinitamente piccolo. Come sempre, le posizioni mentali troppo rigide non sono mai del tutto giuste, sono poco feconde. I Greci (anzi, come vedremo, quei Greci) che non volevano si ragionasse con l'infinito, avevano molte buone ragioni dalla loro parte; ma, in realtà, il merito di uno dei più grandi progressi della matematica, e quindi del pensiero umano, va a quegli altri Greci, agli studiosi medievali, e agli scienziati del Rinascimento che ebbero il coraggio di lavorare con un numero infinito di grandezze infinitamente piccole. Crediamo che, con un poco di attenzione, si possano comprendere alcuni di questi arditi tentativi: almeno i primi, quelli che hanno un carattere più geometrico, più intuitivo.

Copriamo una regione piana con fili. Riempiamo un solido con fogli

Si capirà meglio la questione se, invece di parlare di lunghezza delle curve, parleremo dell'area di superficie piane, e del volume di solidi. Se abbiamo una parte di piano delimitata da una curva chiusa regolare (per esempio un cerchio), possiamo immaginarla come un tessuto composto di fili paralleli, infiniti e infinitamente sottili. Così, se abbiamo un solido racchiuso in una superficie «regolare» (per esempio una sfera, un cilindro, un cono), possiamo immaginarlo composto da infiniti foglietti, infinitamente sottili, tra loro sovrapposti: stratificati. Nel caso di una figura piana, possiamo

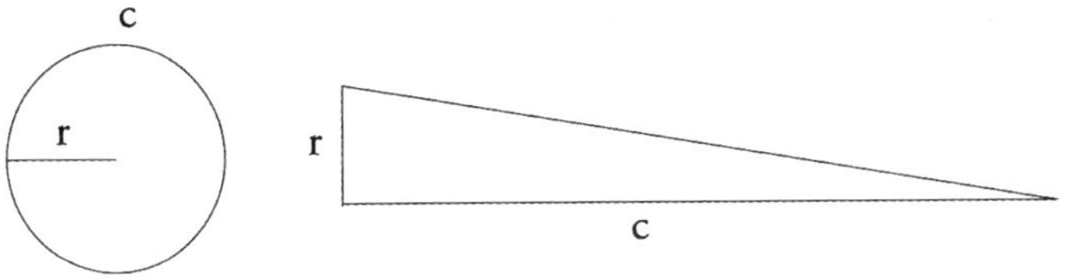

Figura 14

benissimo immaginare che il tessuto sia più «fantasia», come si dice nel gergo della moda. Per esempio, dato un circolo, possiamo immaginarlo costituito da quegli infiniti fili circolari infinitamente sottili che sono le infinite circonferenze concentriche, aventi cioè lo stesso centro del circolo, e raggio via via più piccolo, come certi bei centrini da tavola finemente ricamati: con la differenza però che un centrino, per quanto finemente ricamato, sarà composto da un certo numero, finito, di fili circolari aventi un certo spessore, non da infiniti fili infinitamente sottili. Partendo da questa scomposizione ecco come si può, in quattro e quattr'otto, *quadrare il cerchio,* una volta che si sappia *rettificare la circonferenza.* Supponiamo, dunque, di saper rettificare la circonferenza, cioè di saper costruire un tratto di retta lungo quanto la circonferenza. Archimede ci ha insegnato a farlo: sappiamo infatti che, presa una circonferenza qualsiasi, essa è uguale a un segmento lungo π volte il diametro. Guardiamo ora la figura.

In essa, la base del triangolo è la circonferenza, rettificata cioè raddrizzata, mentre l'altezza è il raggio; ogni filo, parallelo alla base, col quale è tessuto il triangolo è, come si vede, di lunghezza uguale a uno dei fili circolari che tessono il cerchio (chi lo vuol vedere meglio, con gli occhi della mente, veda alla fine l'*Appendice* 19, sub. 2). Ma, allora, l'area del triangolo è uguale a quella del circolo perché l'uno e l'altro sono composti con gli stessi fili di uguale lunghezza. Ora, il triangolo ha per base $\pi\ d = 2\ \pi\ r$, se con d ed r indichiamo il diametro e il raggio della circonferenza; ma l'area di un triangolo è (base x altezza)/2. Nel nostro caso è perciò: $2\ \pi\ r$ x r/2 = $(2\ \pi\ r^2)/2$, cioè $\pi\ r^2$. In conclusione:

«L'area del circolo è uguale al quadrato del raggio moltiplicato per il numero d'Archimede 3,14159...».

Ragionamento strano, risultato esatto. Questo ragionamento è stato fatto dal matematico ebreo Abramo detto Savasorda, vissuto a Barcellona nel secolo XI dopo Cristo (la Spagna era allora sotto il dominio o l'influenza degli arabi, i quali, in fatto di matematica, erano certo più valenti del prode Rolando).

Diamo a parte un esempio, più difficile da comprendere, di calcolo del volume di un solido che supponiamo formato da infiniti foglietti infinitamente sottili pressati insieme (vedi: *La scodella di Luca Valerio, Appendice* n. 9). Anche in questo secondo esempio, lo strano procedimento delle infinite parti «indivisibili», fili o foglietti, porta a un risultato esatto.

Le cose non vanno però sempre così lisce. Gli ardimentosi che, per dirla con fra' Bonaventura Cavalieri, affrontarono con la loro barchetta «l'oceano della infinità degli indivisibili», trovarono parecchi scogli. Si accorsero, per esempio, che i conti tornano se i fili (come nell'esempio del Savasorda) non si intersecano tra di loro, e invece vengono fuori risultati del tutto sballati se i fili si intrecciano, anche in un solo punto.

Ci vollero milleottocentocinquanta anni per inventare di nuovo il metodo di Archimede

Questo nuovo metodo, per misurare le aree delle figure piane e i volumi dei solidi, fu reso pubblico per la prima volta da un grande scolaro di Galileo Galilei, quel Bonaventura Cavalieri che abbiamo già citato, in un bellissimo libro, intitolato la *Geometria degli indivisibili* stampato nel 1635 (scritto in latino, la lingua internazionale dei dotti fino a circa duecento anni fa). Ci furono discussioni terribili tra i matematici sugli *indivisibili* di Cavalieri; particolarmente accanito fu un altro frate, un olandese, il Guidino, che era un bravo geometra, ma all'antica, e non voleva sentire parlare di infinitamente grande e infinitamente piccolo. Il buon Guidino, e con lui molti avversari di Cavalieri, si appellavano all'autorità del sommo Archimede il quale, nelle pubblicazioni geometriche fino ad allora note, era sempre stato fedele al purissimo metodo di Euclide e non si era mai sognato di dividere i solidi in fogli e le figure piane in fili.

Passarono tre secoli, all'incirca. Nel 1906 uno studioso, J.L. Heiberg, leggeva l'elenco degli antichi manoscritti conservati nella Biblioteca Gerosolimitana di Costantinopoli, con una breve notizia sul loro contenuto. Una di queste informazioni lo colpisce: si trattava forse di lavori di Archimede? Scrive, si fa mandare una fotografia di qualche pagina, non ha più dubbi: si tratta di un prezioso antico manoscritto in greco, su pergamena, forse del 900 dopo Cristo, con scritti di Archimede. Heiberg va a Costantinopoli e decifra con grande fatica il documento, perché qualcuno, verso il 1300, aveva voluto riutilizzare la stessa vecchia pergamena cancellando Archimede per scrivere cose di poco interesse. Trova alcuni scritti già noti, come il libro sulla *Misura del circolo* del quale abbiamo già parlato, e, verso la fine, negli ultimi fogli, scopre un'opera di Archimede che si credeva perduta: una lettera che aveva viaggiato duemila e duecento anni prima da Siracusa ad Alessandria d'Egitto. Scopre, cioè, una copia della lettera scritta da Archimede ad Eratostene, che dirigeva la famosa biblioteca di Alessandria, ed era anche lui un grande scienziato (fu il primo a misurare, abbastanza bene, un poco con un «metro» molto con la mente, il meridiano terrestre). In quella lettera, Archimede spiegava a Eratostene quale metodo aveva impiegato per «farsi un'idea» delle misure di superficie e di solidi, che aveva poi giustificato con i procedimenti rigorosi della geometria greca. Si trattava di un metodo meccanico, consistente – attenzione! – nella suddivisione di una figura piana in infiniti fili infinitamente sottili, pesanti, e nella composizione con gli stessi fili, diversamente disposti, di un'altra figura più semplice che facesse equilibrio alla prima, poste l'una e l'altra sui piatti di una bilancia ideale. Metodo analogo usava Archimede per i solidi, suddividendoli in infiniti fogli, pesanti ma infinitamente sottili. Fra' Bonaventura trionfava su Guidino: il metodo degli «indivisibili» risaliva ad Archimede!

Adesso ci si può rendere meglio conto del perché, poco fa, ci siamo arrischiati a definire Archimede il più grande genio scientifico di tutti i tempi. Solo a lui, ad Archimede, è accaduto questo fatto straordinario: che ci volessero ben milleottocentocinquanta anni (tanti ne sono passati dal 212 avanti Cristo al 1635 dopo Cristo) perché altri scienziati riuscissero a riscoprire un metodo da lui ideato, e rimasto nascosto in un'antica pergamena.

La matematica moderna ha solo trecento anni

Nel 1635, dunque, i geometri erano soltanto riusciti, dopo il lungo sonno scientifico del Medioevo, a giungere al punto di arrivo della scienza antica, al metodo di Archimede? In un certo senso, sì; in un altro senso, no. Sì, se si guarda soltanto ai risultati della geometria fino a Bonaventura Cavalieri; no, se si guarda a tutto il faticoso sviluppo del pensiero matematico. Non erano gran che più avanti come risultati, erano molto più avanti come possibilità e come mentalità. Durante un lungo periodo di decadenza e di sonno scientifico della civiltà europea, gli Indiani e gli Arabi avevano costruito *l'aritmetica* e *l'algebra.* Gli uomini del Rinascimento avevano quindi a disposizione quanto era necessario per compiere il grande e decisivo progresso, al di là della scienza greca, che, come vedremo, fu effettivamente compiuto tra il 1500 e il 1600.

4. I simboli e i nuovi numeri

Anche «algebra» è una parola araba

Aritmetica è una parola greca (vuol dire scienza dei numeri, perché *arithmòs* in greco significa numero): abbiamo visto, però, che il nostro modo di scrivere i numeri, e in conseguenza il nostro modo di fare con essi le quattro operazioni, e in generale i calcoli, non risale agli antichi Greci, bensì agli assai più moderni Arabi. Non è, dunque, una scienza tanto antica quanto si potrebbe credere: infatti, se vogliamo fissare delle date, arriviamo a poco più di mille anni fa per gli Arabi, con lo studioso al-Khuwarizmi, vissuto attorno all'800 dopo Cristo, e addirittura al 1200 per l'Europa, con il nostro Leonardo Pisano.

Se il modo più comodo di scrivere i numeri è, quindi, una faticosa conquista dell'uomo che si è cominciata a diffondere nell'Europa solo sei secoli fa, ancora più giovane è *l'algebra* che richiede, oltre alla numerazione moderna (indiana-arabica), anche altre cose: un ampliamento del concetto di numero; l'introduzione di *simboli* chiari, precisi, comodi per rappresentare operazioni ed «espressioni» contenenti non soltanto numeri dati, ma anche numeri *indeterminati* o *incogniti.*

Se si domandasse oggi a uno studioso di algebra: «Che cosa è l'algebra? Me lo spieghi in poche parole semplici e chiare», egli sarebbe molto imbarazzato a rispondere, tali e tanti sono stati gli sviluppi di questo ramo della matematica negli ultimi cento anni. Se invece la stessa domanda potesse venir rivolta allo spirito del vecchio al-Khuwarizmi (di nuovo lui!), egli avrebbe forse qualche difficoltà a riconoscere la parola araba *al-giabr,* dalla quale per deformazione è venuta fuori la nostra parola «algebra», ma non sarebbe affatto imbarazzato a rispondere. Per lui, infatti, *l'al-giabr* non era altro che una certa regola per trasformare una *uguaglianza* in un'altra uguaglianza avente lo stesso valore (cioè «equivalente»), regola molto semplice e facile da capirsi, che spieghiamo subito.

Se io so che A – B = C, allora sono anche sicuro che A = B + C, e viceversa; se, insomma, prima del segno di «uguale», cioè nel primo membro dell'uguaglianza, una quantità viene sottratta, la si può invece aggiungere dall'altra parte (al secondo membro dell'uguaglianza). Se guardiamo solo i simboli, possiamo dire che una quantità può essere trasportata dal primo al secondo membro di un'uguaglianza cambiando il segno meno nel segno più (o viceversa). La cosa si capisce anche col buon senso; la possiamo giustificare con il fatto che, se a ciascuna di due quantità uguali fra loro aggiungiamo una stessa quantità, abbiamo ancora due nuove quantità che sono uguali. Perciò, se le quantità A – B e C sono uguali, saranno anche uguali le nuove quantità che si ottengono aggiungendo all'una e all'altra la quantità B; insomma, se A – B = C, anche A – B + B = C + B; ma A – B + B = A (se aggiungo prima, e poi tolgo, una stessa quantità, faccio e disfo, cioè lascio le cose tali e quali); perciò A = B + C.

Se per lo studioso moderno la parola "*algebra*" significa troppe cose (troppe, dico, per spiegarle in breve), per al-Khuwarizmi significava troppo poco. Per gli scopi che ora ci proponiamo, possiamo definire l'algebra come il ramo della matematica che studia le uguaglianze, e in particolare le uguaglianze che contengono delle grandezze incognite, uguaglianze che possono essere verificate o no a seconda dei valori che si danno alle grandezze incognite. L'algebra è cioè la scienza delle uguaglianze condizionate, o *equazioni*.

Come si fa a «mettere in equazione»

«Ora capisco perché si dice: "questa è algebra"! a proposito delle cose incomprensibili», dirà qualcuno dei lettori, dopo la nostra definizione che, invece di chiarire le idee, forse le ha annebbiate. In matematica è sempre molto difficile dare delle definizioni generali; ad esempio quella di un intero ramo, l'algebra. Se poi si cerca di dare una definizione generale addirittura di tutta la matematica, peggio che mai! (La più singolare è forse quella data da un famoso matematico e filosofo, Bertrand Russell, il quale ha detto più o meno così:

«La matematica è la scienza nella quale non si sa di che cosa si parla e non si sa se le cose che si dicono sono vere o false»).

Che cosa è una *equazione?* Invece di dirlo in generale, vediamo qualche esempio di equazione: non solo si capirà meglio, ma forse si vedrà – o si comincerà a intravedere – anche la grande utilità di questa scienza, l'algebra. Molti dei giochi matematici che si possono trovare su questo o quel giornaletto, per ragazzi o per grandi, si risolvono con le regole dell'algebra, e si esprimono con una o più equazioni. Inventiamocene uno, per dare un esempio:

«Sommando l'età mia e quella di mio fratello si hanno 26 anni. Tra dieci anni, mio fratello avrà il doppio della età che io ho adesso. Quali sono le nostre età?».

Regola prima e fondamentale: tradurre in equazioni, cioè sostituire le parole con simboli, numeri, segni di operazioni, ecc. Mettiamoci d'accordo. Chiamiamo x l'età mia, cioè il numero degli anni che io ho: la x, lettera per noi italiani inconsueta, sta a indicare un numero *incognito,* sconosciuto, che per il momento non so quale sia, ma che spero di determinare. Chiamiamo y il numero degli anni che ha mio fratello. Allora, la prima frase («sommando l'età mia e quella di mio fratello si hanno 26 anni») si scriverà così:

$$x + y = 26;$$

(sì! è la stessa identica frase scritta in una lingua differente, più rapida, più concisa, assolutamente internazionale). La seconda frase si traduce, dall'italiano nel linguaggio simbolico internazionale dell'algebra, così:

$$(y + 10) = 2x.$$

Difatti: tra 10 anni mio fratello avrà dieci anni più degli y che ha oggi, cioè avrà $(y + 10)$ anni.

Applichiamo all'incontrario, la regola *al-giabr* prima spiegata: se $y + 10 = 2x$, allora $y = 2x - 10$.

Ma allora anche nella prima frase-equazione posso scrivere $2x - 10$

al posto di y (sono quantità uguali, è la stessa cosa!); avrò perciò che:

$$x + (2x - 10) = 26.$$

Applichiamo di nuovo la regola *al-giabr:*

$$x + 2x = 26 + 10 = 36.$$

Ma se a un numero x aggiungo il doppio del numero x avrò tre volte il numero x; perciò:

$3x = 36$, cioè, per forza, $x = 12$. Io ho 12 anni, e quindi mio fratello ne ha 14, non c'è altra possibilità; le due uguaglianze

$$x + y = 26$$
$$y + 10 = 2x$$

sono tutt'e due vere solo se scegliamo $x = 12$ e $y = 14$.

Nota bene. Per capire bene quest'esempio, si consiglia di prendere carta e matita, e di rifare da soli i calcoli e il ragionamento. Si consiglia anche di guardare l'*Appendice* n. 11, e riguardarla ogni volta che è necessario, dato che vi sono riassunte le principali regole di algebra.

Dai «debiti» ai «numeri negativi»

«Possibile che un procedimento così semplice sia venuto in mente agli uomini solo poco più di mille anni fa, e si sia precisato, e diffuso, neppure quattrocento anni fa?», chiederà forse qualcuno dei lettori. Vedete: a pensarci dopo, quasi tutte le grandi idee geniali sembrano semplici, perché, dopo, cioè quando sono state bene chiarite, non si scorgono più le grandi difficoltà che si incontravano al loro sorgere. Cerchiamo allora di ricostruire qualcuna delle notevoli difficoltà che sono state di ostacolo alla nascita, e all'affermazione, delle semplici e geniali idee che sono alla base dell'algebra (vedi *Appendice* n. 11). Al solito, conviene partire da un esempio. Prendiamo un altro problema sul tipo di quello di prima:

«Io ho adesso 15 anni, mio fratello ne ha 9. In quale momento della nostra vita la mia età è il doppio della sua?».

L'incognita, x, è in questo caso il numero degli anni che debbo aggiungere tanto ai miei 15 quanto ai 9 di mio fratello per rendere la mia età doppia della sua. L'equazione è perciò subito scritta:

$$15 + x = 2\,(9 + x), \text{ cioè:}$$
$$15 + x = 18 + 2x.$$

Ma, «trasportando» il 18 al primo membro e la x al secondo, sempre con la regola *al-giabr,* ottengo:

$$x = 15 - 18$$

18, però, è più grande di 15: come sottrarre 18 da 15? Da 15, per quello che so finora, posso togliere al più 15, e avrò zero; sottraendo 18, mi avanzano ancora 3 unità, dovrei andare «3 sotto zero». Si tratta però di x anni, e non è affatto detto che il richiesto rapporto tra le due età ci sarà «tra x anni»; potrebbe benissimo esserci stato «x anni fa». Questo è esattamente il nostro caso. Infatti, è tre anni fa che l'età mia era doppia di quella di mio fratello (io ne avevo 12, lui 6). Tre anni fa, tre anni all'indietro, tre anni negativi: esattamente «tre sotto zero», tre in meno.

$$15 - 18 = -3 \text{ (\textit{meno tre, numero negativo}).}$$

Già da questo primo esempio, ci si rende conto che i numeri negativi si conoscono… molto prima di conoscerli. In realtà, anche prima di cominciare a studiare l'algebra ci si abitua ad adoperare molti numeri negativi, senza però usare questo nome, e senza fare calcoli su di essi. Alle elementari abbiamo tutti imparato che in Siberia o nel Canada si raggiungono d'inverno temperature di 20, 30, 40 gradi sotto zero; che il fondo della Fossa delle Filippine è a oltre 10 mila metri sotto il livello del mare; abbiamo studiato che Roma è stata fondata nell'anno 753 avanti Cristo. Basta allora farsi coraggio e dire: temperatura di –40 gradi; altezza di –10.000 metri; anno –753: «meno 40», «meno 10.000», «meno 753». Una temperatura negativa sarà una temperatura sotto lo zero del termometro; un'altezza negativa sarà il contrario di un'altezza, cioè una profondità (sotto l'altezza «zero», che è il livello del mare); un anno negativo sarà un anno prima di una data importante scelta quale anno zero, quale principio (l'anno della nascita di Cristo nel calendario più usato; quella della fuga di Maometto nel calendario musulmano; quello leggendario della creazione del mondo nel calendario ebraico; quello della presa della Bastiglia nel calendario della Rivoluzione francese, e così via).

Ancora più noti, purtroppo, sono quei numeri negativi che si chiamano... i debiti. Se io ho un credito di 10 mila lire, e un debito di 5 mila, il mio bilancio è «in attivo» di 5 mila lire, è cioè positivo; se le cose stanno al contrario, il mio bilancio è «in passivo» di 5 mila lire, è cioè negativo. Invece di dire: 5 mila lire di debito, io posso benissimo allora scrivere: –5.000 lire.

Quando, in qualche equazione, come nell'esempio che poco fa abbiamo dato, i vecchi algebristi Indiani e Arabi, compreso al-Khuwarizmi, trovavano come soluzione un numero negativo, non si spaventavano, lo interpretavano come un «debito» (la loro aritmetica e la loro algebra avevano di mira soprattutto il commercio, cioè i problemi con l'incognita «denaro»). Tuttavia, non osavano considerare i debiti come numeri qualunque, fare cioè su di essi, con l'aggiunta di qualche opportuna regola, le operazioni ordinarie di addizione, sottrazione, moltiplicazione, divisione. Il punto difficile fu proprio questo: ampliare l'idea di numero, aggiungendo ai numeri positivi quelli negativi. Tanto ripugnava una simile idea alle loro menti, che i matematici prima furono costretti a farlo praticamente, e solo parecchio tempo dopo capirono che non vi era ragione di non considerare numeri anche i debiti: dapprincipio li considerarono come «numeri assurdi» (*numeri absurdi*, nel latino del tedesco Stifel, matematico vissuto attorno al 1520), che non si potevano capire, anche se con essi bisognava fare certi calcoli.

Come si fanno i calcoli con i «numeri absurdi», cioè con i numeri negativi

Questo nostro racconto vuole essere una storia soltanto di alcune *idee* della matematica. Non si vogliono perciò spiegare in modo sistematico le cose che si imparano a scuola dai maestri e dai professori, oppure da soli, quando si è più grandi, sui libri di vero e proprio studio. Non saranno perciò spiegate in modo rigoroso le regole per i calcoli con i numeri negativi: si cercherà di dare soltanto una idea di questa conquista dell'ingegno umano, che non fu facile, così come tutte le conquiste non sono mai state facili. Abbiamo però riassunte le principali regole nell'*Appendice* n. 11.

Cosa vuol dire moltiplicare un numero positivo per un numero negativo, per esempio 7 per (–2)? Facciamo il caso concreto dei debiti, e lo comprenderemo facilmente. Se ho due debiti di sette lire [in simboli: 2 (-7)] oppure sette debiti di due lire [in simboli: 7 (–2)] io ho in totale un debito di 14 lire; se ho poi anche 14 lire positive, cioè 14 lire in tasca, allora, pagato il debito, mi ritrovo pulito, alla pari, a zero. Perciò: 7 (–2) = 2 (–7) = –14, che è l'opposto di 14. L'idea da capire è l'idea, semplice e difficile insieme, che negativo e positivo sono tra loro opposti. Se si tratta di denaro, è chiaro (come si è detto un momento fa), che un credito di 1.000 lire è l'opposto di un debito di 1.000 lire, perché il debito annulla il credito uguale e contrario: in simboli: + 1.000 + (–1.000) = 0. Se si tratta di altezze e profondità, cioè di salite e discese , è chiaro che una salita di 100 m di dislivello annulla una discesa di 100 m di dislivello; se prima salgo di cento metri, poi scendo di cento metri, o viceversa, mi ritrovo al livello di partenza, al «via», allo «zero», e così se faccio due vasche di piscina a nuoto, 25 metri in avanti e 25 indietro, sono ancora alla linea zero, alla linea dì partenza: 25 + (–25) = 0. «Ma io ho percorso cinquanta metri!». D'accordo: però venticinque in avanti (*positivi*), venticinque all'indietro (*negativi*), cosicché, alla fine, non mi trovo a cinquanta metri dalla partenza, ma a metri… zero dal «via».

Ora, date in ogni caso al segno –, premesso (cioè messo davanti a qualche cosa) il significato di «il contrario», o meglio «l'opposto» di quella cosa: ciò che, unito alla cosa data, la compensa, la annulla. Allora, debito = – credito (opposto di credito), ma anche credito = – debito, e allora anche: credito = – (– credito), cioè l'opposto dell'opposto di un credito è un credito: se io ho l'opposto di un debito di 1.000 lire vuol dire che ho un credito di 1.000 lire, e perciò:

$$-(-1.000) = +1.000.$$

L'opposto di salire è scendere, che è a sua volta l'opposto di salire: l'opposto dell'opposto di salire è ancora... salire, perché è l'opposto di scendere (che è, appunto, l'opposto di salire). Se si è capito questo, è quasi inutile imparare a memoria le *regole dei segni,* perché si ricostruiscono ragionando. Abbiamo già visto che *meno* per *più* è uguale a *meno;* vediamolo ancora con l'idea ora esposta. Innanzitutto, – 3 moltiplicato per 4 sarà l'opposto di 3 x 4 [(–3) x 4 = – (3 x 4)], e allora dovrà essere – 12, giacché 3 x 4 = 12, e –12 è l'opposto di 12. Vediamo la regola più difficile: *meno* per *meno* è *uguale a più.* (– 3) x (– 4) = – [3 x (– 4)] vorrà dire l'opposto di 3 (–4); ma già sappiamo che 3 x (–4) è –12, e l'opposto di –12 è + 12 [perché, appunto, – (– 12) = opposto dell'opposto di 12 = 12].

Non avete capito? E allora serve poco imparare la regoletta:

«meno per più e più per meno fanno meno, più per più e meno per meno fanno più»

(e regola analoga per la divisione); o ve la scorderete, o la applicherete meccanicamente, senza rendervi conto di quello che fate, come apprendisti stregoni in possesso di una formula magica che sfugge alla loro mente. Morale: in nessun caso è importante sapere le regole a memoria? Proprio così; e in ogni caso ciò che conta è invece capire l'idea che è alla base della regola.

Andiamo avanti, comunque: ci seguano quelli che sono l'opposto dell'opposto di intelligenti. Quelli che sono un poco l'opposto dell'opposto dell'opposto di intelligenti sono invece consigliati di andare all'apposto dell'avanti per rifletterci all'opposto nell'*Appendice* n. 13.

Gli irrazionali sono numeri?

Abbiamo già visto che un segmento può essere *incommensurabile* rispetto a un altro, in particolare che la misura della diagonale rispetto al lato non è un numero razionale (una frazione). Secondo gli scienziati greci, e anche secondo molti scienziati posteriori, fino al Rinascimento, fino al 1600, tale misura non era da trattarsi come un numero.

Secondo i Greci, esistevano i «numeri», ed erano gli interi (positivi) e le frazioni (positive); esistevano poi i *rapporti,* le *misure,* che potevano essere «numeri» o no. Secondo noi, invece, quella misura della diagonale è un numero, che noi chiamiamo «radice quadrata di 2» ($\sqrt{2}$); e ciò per il fatto che noi abbiamo ulteriormente allargata l'idea di numero. Noi consideriamo numeri non solo gli interi e i decimali con un numero finito di cifre dopo la virgola, o anche con un numero infinito ma periodici (come 0,3333... = 1/3 ecc.), e quindi riducibili sempre a frazioni, ma anche i numeri decimali con un numero illimitato di cifre dopo la virgola, e non periodici. Dobbiamo accettare questi numeri così complicati, e che destano una certa ripugnanza al comune buon senso, alla «ragione» (si chiamano, come si è già detto, numeri irrazionali, che in verità qui significa *non-rapporti,* e non contro ragione) se vogliamo introdurre nei nostri calcoli algebrici una cosa così semplice, e indispensabile, quale la misura della diagonale rispetto al lato del quadrato. Il ragionamento svolto «fuori testo» (vedi *Appendice* n. 8) dimostra infatti che tale misura non è una frazione, non è perciò un numero decimale ordinario (eventualmente periodico). Ebbene, ciò vorrà dire (lo abbiamo già visto) che non potremo mai fermarci nell'operazione di misura, né ai decimetri, né ai centimetri, né ai millimetri... né ai milionesimi, né ai miliardesimi di millimetro; poiché avanzerà ogni volta un pezzettino sempre più piccolo, da misurare con una unità di misura sempre più piccola, ma restando ogni volta un avanzo, all'infinito.

L'idea di numero irrazionale è, certo, difficile; ma oggi anche chi non l'ha mai bene afferrata fa tranquillamente i suoi calcoli con la radice quadrata di 2 o la radice cubica di 3, o con il numero di Archimede π («pi greca») che è irrazionale, di una razza assai peggiore della onesta radice quadrata di 2 (è niente di meno che un numero irrazionale *trascendente*). Noi siamo abituati cioè a considerare la radice quadrata di 2 un numero come tutti gli altri, anche se in realtà non abbiamo capito bene bene di che si tratta, così come siamo abituati all'idea che la Terra gira attorno al Sole anche se non siamo poi ben capaci di spiegare perché le cose vanno in modo tanto contrario a quello che ci dicono gli occhi. Gli scienziati greci invece (e non per ignoranza, anzi direi per profondità di pensiero) si rifiutavano di considerare il rapporto tra la diagonale e il lato del quadrato un numero come tutti gli altri; facevano ragionamenti e operazioni su tale rapporto, ma sempre sotto forma geometrica, senza farne oggetto di calcolo aritmetico.

Per fare dell'algebra, per trattare come numeri anche questi «non numeri» occorreva quindi un grande e profondo sforzo mentale: occorreva una nuova idea di numero, più vasta, e non solo l'introduzione di nuovi simboli.

Dall'algebra geometrica alla «logistica speciosa»

Un esempio, spero, vi farà capire bene la differenza tra la mentalità nostra e quella dei Greci. Si domanda:

«**Dati due segmenti A e B, come si potrà calcolare l'area del quadrato che ha per lato il segmento A + B, somma dei due lati?**».

Ecco la risposta del matematico greco (la si trova, ad esempio, nella Proposizione quarta del Secondo libro dei famosi *Elementi* di Euclide, vissuto circa tre secoli prima di Cristo).

Costruiamo il quadrato di lato A + B, e dividiamo i quattro lati nelle parti A, B, che li compongono, così come è disegnato nella fi-

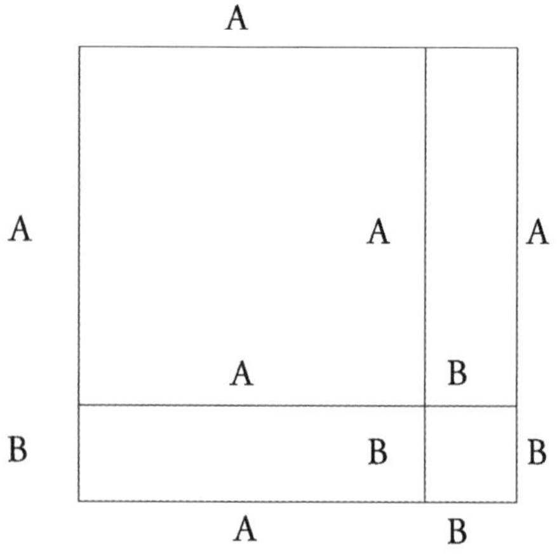

Figura 15

gura (a dir vero, il matematico dovrebbe sempre spiegare tutto con assoluta precisione a parole; ma per una volta ci sia permesso di mostrare la figura, senza parlare).

Tracciate le perpendicolari ai lati nei detti punti di divisione; vedrete dalla figura (e dal ragionamento a parole, se avrete la pazienza di farlo) che il quadrato di lato A + B viene diviso in *quattro parti:* due quadrati, e due rettangoli. I due quadrati hanno per lato l'uno A, l'altro B, i due rettangoli sono uguali ed hanno per lati A e B. Dunque:

«Il quadrato di lato A + B è uguale alla somma del quadrato di lato A, del quadrato di lato B, e di due rettangoli di lati A e B».

Ecco invece la risposta moderna (per esempio di Isacco Newton, o di altri prima di lui). Consideriamo le misure *a, b,* dei segmenti A, B. Non ci interessa ora la misura effettiva, cioè non andiamo a misurarli praticamente; sappiamo però che le loro misure, rispetto a un dato *metro,* sono due numeri *a, b.* Frazioni? Numeri irrazionali? Non ci interessa, perché sappiamo che i calcoli si fanno con le stesse regole, siano essi frazioni (in particolare interi), o irrazionali, come $\sqrt{2}$, $\sqrt[3]{2}$, π, ecc. Allora la misura del segmento A + B sarà $a + b$ metri ordinari, se il metro adottato è quello che si usa comunemente; quindi la misura del quadrato di lato A + B sarà $(a + b)^2$ metri quadrati. Ma possiamo calcolare il numero $(a + b)^2$ applicando ripetutamente una delle ordinarie proprietà dei numeri, la *proprietà distributiva* (vedi *Appendice* n. 11):

$$(a + b) \times (a + b) = a\,(a + b) + b\,(a + b) =$$
$$= a^2 + ab + ba + b^2 = a^2 + 2ab + b^2.$$

Dunque:

*«**Il quadrato di una somma,** **a + b, è** **uguale alla somma dei quadrati dei due addendi più il doppio prodotto di essi**».*

La risposta di Euclide, e quella di Newton, sono, da un certo punto di vista, la stessa risposta, in due «linguaggi» diversi. Eppure, se ci si pensa bene, nella risposta di Newton (o di Tartaglia, o di Cartesio, ecc.), confrontata con quella data allo stesso problema duemila anni prima da Euclide, c'è l'immenso progresso dalla matematica antica a quella moderna. Con questo esempio, si vede bene che il progresso sta innanzitutto nel metodo, nella mentalità, nelle idee. Possiamo ormai cercare di riassumere in che cosa tale immenso progresso sia consistito.

Primo: nell'ampliamento del concetto di numero (numeri non sono soltanto gli interi positivi e le frazioni positive, ma anche gli interi e le frazioni *negative,* anche gli *irrazionali,* positivi e negativi).

Secondo: nella costruzione di un sistema semplice, completo, preciso, per scrivere i numeri e per operare su di essi.

Terzo: nella applicazione delle regole di calcolo, e dei relativi simboli, oltre che ai nuovi numeri, anche a quantità indeterminate o incognite, anche a simboli di numeri qualsivogliano, non soltanto a numeri determinati.

Diceva a questo proposito nel 1635 il grande geometra italiano Bonaventura Cavalieri, allievo di Galileo Galilei:

«Gli algebristi... sommano, sottraggono, moltiplicano e dividono le radici dei numeri, anche se ineffabili, assurde e ignote (*ineffabiles, surdae ac ignota*) e sono persuasi di avere assolto il loro compito, purché ciò serva a far loro ottenere il risultato desiderato».

Come si vede, ancora verso la metà del 1600 l'algebra era accettata praticamente, senza che l'idea ne fosse del tutto chiara.

Poiché in latino «forma», «simbolo», si dice, come forse sapete, *species,* i matematici del 1500 che per primi ebbero il coraggio intellettuale di fare i calcoli con i simboli, cioè, con «lettere», chiamarono la loro arte *logistica speciosa,* per distinguerla dalla *logistica* (*o arithmetica*) *numerosa,* l'arte di fare i calcoli su numeri determinati. Noi diciamo oggi: *calcolo numerico* e *calcolo letterale.*

Come abbiamo detto, il calcolo letterale (cioè la logistica speciosa) presenta, rispetto all'algebra geometrica dei Greci, vantaggi enormi. Per ognuna delle formule del calcolo letterale, per esempio per ognuno di quei «prodotti notevoli» che i più grandi dei lettori sanno a memoria, il geometra greco doveva fare un ragionamento a parte, spesso assai più complicato di quello che ci ha permesso di calcolare geometricamente $(A + B)^2$. Con il moderno calcolo letterale, invece, si ottiene automaticamente e sicuramente il risultato in ogni caso, applicando alcune (pochissime) regole di calcolo. Proviamoci a calcolare, con l'algebra geometrica, espressioni come $(a + b)(a - b)$, oppure $(a + b + c)^2$, oppure $(a + b)^3$ (vedi: *Calcolo di* $(a + b)^3$ *con l'algebra geometrica* (*Appendice* n. 14) e così via, interpretando *a, b, c,* come segmenti, le elevazioni alla seconda e alla terza potenza come costruzione di quadrati e di cubi: vedremo quanta fatica, quanto sforzo di fantasia geometrica ci costerà, se pur ci riusciremo! Col calcolo letterale, invece, tutto è fatto in pochi minuti, senza sforzo mentale (soltanto con un poco di attenzione).

Non è affatto esagerato affermare che, per il progresso umano, la introduzione e la diffusione del calcolo letterale, al posto dell'algebra geometrica, è stata una rivoluzione paragonabile all'adozione della macchina in luogo del lavoro a mano. Il paragone calza in tutto e per tutto: anche per quel che riguarda l'aspetto per il quale il lavoro a mano è superiore al lavoro a macchina. È la bellezza, la fantasia, l'originalità, l'individualità di ogni singolo pezzo, che manca alla produzione meccanica in serie. Così, ad esempio, la dimostrazione di Euclide, che prima abbiamo riportato, circa il quadrato del «binomio» A + B ci sembra incomparabilmente più bella, più viva, più suggestiva della «girata di manovella» algebrica che ci permette di arrivare in dieci secondi al medesimo risultato. Tuttavia, come non ci sogniamo neppure di spezzare i telai meccanici per tornare alla spola e al fuso, così non respingeremo la logistica speciosa per amore della bellezza dell'algebra geometrica. Cercheremo, tuttavia, pur usando i nuovi strumenti, di conservare in noi lo spirito del vecchio Euclide, la fantasia geometrica degli antichi Greci, che ci sarà essenziale quando dovremo non più applicare regole, ma scoprirne e crearne di nuove. Non dimentichiamoci che anche nella nostra industria altamente meccanizzata e automatizzata, i prototipi, ossia i modelli, gli originali, debbono essere disegnati, e in gran parte eseguiti, a mano.

5. La geometria diventa algebra

Dunque, la geometria greca può essere paragonata a un'elegante lavorazione a mano, l'algebra araba a una produzione automatica, a una macchina. Ebbene: possiamo dire che la matematica moderna ha inizio tre secoli fa, quando la macchina algebrica comincia ad essere applicata anche alla geometria, e lo studio di curve, superficie, figure geometriche si traduce nello studio di opportune equazioni. Quest'idea, tanto rivoluzionaria da segnare l'inizio di un periodo completamente nuovo per le scienze matematiche, è semplice: ed è ormai talmente nota e diffusa, che voi già la conoscete, già la «avete negli occhi», anche se forse non l'avete chiara in mente, anche se quasi certamente non sapete (o credete di non sapere) cosa significa introduzione di un *sistema di coordinate* nel piano, o nello spazio.

Perché i «diagrammi» si chiamano «cartesiani»

Un *diagramma cartesiano* è una cosa che si vede ormai ogni giorno, e che tutti, ormai, comprendono anche se non sanno che quelle «figurelle» si chiamano così: *diagrammi cartesiani.* Molti dei pochi lettori che sono arrivati fin qui saranno appassionati di sport; e avranno visto chi sa quante volte sui giornali il «grafico», o «diagramma», di una tappa del giro d'Italia o del giro di Francia. Ecco per esempio, il grafico o meglio il diagramma cartesiano della tappa delle Dolomiti.

Il grafico scende e sale, così come scende e sale la strada sui passi del Falzarego, del Pordoi, del Sella; se la strada in un chilometro sale di 100 metri (pendenza fortissima, del 10%), e se ogni chilometro è rappresentato sul segmento orizzontale di base con un millimetro, la curva corrispondente alla strada disegnata nella figura 16 salirà di un

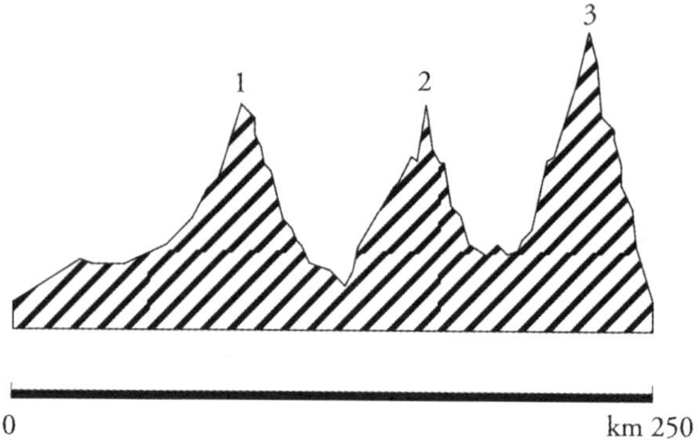

Figura 16

decimo di millimetro per ogni millimetro di spostamento orizzontale.

Tutti avrete poi visto, nei libri di geografia, nelle mostre e fiere, qualche diagramma della produzione.

Vediamo la figura 17 con la produzione delle automobili in un paese dal 1900 al 1950; se vogliamo sapere quante automobili si sono prodotte nel 1940, per fare un esempio, dobbiamo leggere 1940 sulla semiretta orizzontale di base, misurare poi l'altezza della curva sopra quel numero con la unità di misura assegnata sulla semiretta verticale. In un caso come questo, per rendere più comoda la lettura del diagramma a fianco dell'altezza corrispondente alla produzione di ogni anno è segnata senz'altro la sua misura (in... automobili!), oppure, in corrispondenza ad ogni anno, sarà disegnata un'automobile, di dimensioni proporzionali alla quantità della produzione nel detto anno. Sono diverse trovate possibili, ma l'idea è sempre una. Vediamo di capire, allora, esattamente l'idea che sta nascosta nel chiarissimo grafico, o diagramma cartesiano. È l'idea che fu per la prima volta espressa in modo sistematico, e praticamente utile, da un grande contemporaneo di Galileo Galilei: il filosofo e matematico francese René Descartes. Poiché Descartes vuol dire «Delle Carte», e poiché nel 1600 il latino era talmente usato dai dotti che essi traducevano in latino perfino i loro nomi e cognomi, Descartes è meglio conosciuto come Cartesius e, italianizzando, come Cartesio.

Cartesio scrisse moltissimi libri, più o meno importanti (alcuni

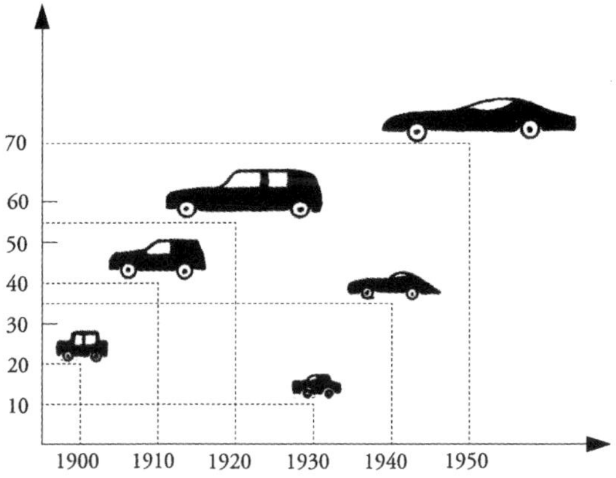

Figura 17

molto importanti), di fisica, di filosofia, di altri argomenti. Di matematica scrisse anche varie cose; ma il suo nome in questo campo resta legato soprattutto a un libriccino di poche pagine, la *Géométrie,* pubblicato in Olanda, a Leida, nel 1637. In questo libriccino è esposta un'idea, anzi un metodo, destinato a portare una così grande rivoluzione, un così impetuoso sviluppo in tutte le scienze, da far sì che si possa indicare la data della pubblicazione della *Géométrie* come la data di nascita della scienza moderna. Si deve naturalmente prendere con il solito pizzico di sale, *cum grano salis,* un'osservazione di questo genere. Solo per le persone c'è un giorno, anzi un'ora, anzi un istante preciso di nascita; solo per le persone si può dire «nato a... il giorno... dell'anno... figlio di... e di...». Per le idee è un'altra cosa, e tanto più difficile è la questione quando si parla della data di nascita della scienza moderna. Si tratta non di un giorno, ma di un periodo, non di un'opera, ma di molte, non di un solo genio, ma di numerosi ricercatori e scopritori. Il periodo è indubbiamente quello: tra il 1630 ed il 1640 molte cose giungono a maturazione. Solo dopo la pubblicazione della *Géométrie*, nel 1638, ancora a Leida, la famosa casa editrice degli Elzeviri pubblica i *Dialoghi attorno a due nuove scienze* di Galileo Galilei con i quali nasce la moderna meccanica (la libera Olanda dava la possibilità di stampare i suoi scritti a un perseguitato come Galilei, condannato come «copernicano» dalla Chiesa cattolica e prigioniero in patria). Se, poi, invece di parlare in generale di nascita della scienza moderna vogliamo limitarci all'origine della fecondissima fusione tra algebra e geometria, alle origini, cioè, della *geometria analitica*, neppure così possiamo fissare proprio quella data, il 1637, e basta.

La nuova felice idea era nell'aria in quel periodo; l'aveva in mente e l'applicava negli stessi anni, e forse prima, un altro geniale francese, un uomo di legge, Pierre Fermat, che nelle ore libere dalle cause si dilettava di matematica. «Essere nell'aria» vuol dire, in fondo, soltanto questo: che esistono, ad un certo momento, tutte le conoscenze e idee preliminari, necessarie per il sorgere della nuova idea. Ma spieghiamo dunque in che cosa consista l'idea cartesiana e cosa abbia a che fare con i diagrammi (cartesiani) dei quali abbiamo prima dato qualche esempio.

Le coordinate della scacchiera e la scacchiera delle coordinate

Chi mi ha seguito fin qua è un tipo tenace e paziente; perciò, probabilmente, è un giocatore di scacchi. Bene: giocatore o no, avrà certamente visto qualche volta, in una *«rubrica dei passatempi»,* una risposta a un problema di scacchi. «Il Bianco muove e matta in due mosse». Soluzione: «la Regina Bianca muove da A-3 a B-4 ecc.». Cosa vogliono mai dire quelle strane sigle da codice segreto: A-3, B-4, H-7, e così via?

Molto semplice: sono le coordinate della scacchiera, cioè due numeri che permettono di individuare sulla scacchiera un determinato quadratino. Infatti, come si vede dalla figura 18, la base della scacchiera è divisa in otto parti, contrassegnate dalle lettere da A fino ad H, mentre l'altezza della scacchiera è divisa pure in otto parti, contrassegnate questa volta dai numeri da l a 8. È allora chiaro cosa vuol dire: B-3. Vuol dire il quadratino nel quale si incontrano la colonna di base B e la riga di altezza 3, cioè la verticale B e l'orizzontale 3. La cosa è molto pratica e molto usata nelle piante delle città (e nelle carte geografiche, nelle quali però si usa il reticolato dei meridiani e paralleli, coordinate geografiche del globo terrestre, delle quali non parleremo). La pianta viene quadrettata con verticali e orizzontali, tracciate a uguale distanza, per esempio di un centimetro, e contrassegnate con numeri progressivi, da 1 a 10, da 1 a 20, a seconda della grandezza della carta, o della fittezza del reticolato. Le verticali sono numerate da 1 a 10 (per esempio), andando da sinistra a destra, mentre le orizzontali sono numerate dal basso verso l'alto; i numeri delle verticali sono segnati sull'orizzontale di base, i numeri delle orizzontali sulla verticale (o altezza) di sinistra. In generale, per trovare un tratto di via, una piazza, un monumento, basterà indicare il quadrato dentro il quale si trova, *individuato* da due numeri interi.

Per esempio, dire che per trovare piazza San Pietro sulla pianta di Roma occorre prendere il quadratino individuato dai numeri 1 e 8 vorrà dire che la piazza, sulla carta, si trova sul quadrato compreso tra le verticali 0 e 1 e le orizzontali 7 ed 8. Si può però essere anche più precisi, e individuare con due numeri un punto, per esempio, nel nostro caso, la posizione della cima della cupola di San Pietro. Se dico che la cima della cupola è il punto: (0,5; 7,3), ciò significa che la cima della cupola si trova nel punto d'incrocio della verticale distante mezzo centimetro dal bordo verticale di sinistra, e della oriz-

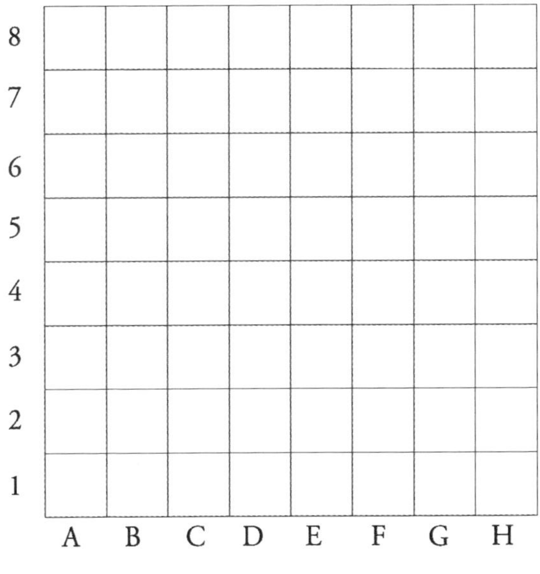

Figura 18

zontale distante sette centimetri e 3 millimetri dalla base orizzontale. Siamo quasi arrivati all'idea di Cartesio. Potremo chiamare infatti il punto-cupola di S. Pietro della pianta di Roma, punto di coordinate cartesiane: 0,5 e 7,3; la prima coordinata, cioè il numero della verticale, cioè la distanza del punto dal bordo verticale di sinistra, si chiama *l'ascissa,* mentre la seconda si chiama *l'ordinata* del punto (*Attenzione!* i numeri che ci siamo inventati non corrispondono alla quadrettatura della pianta di Roma).

Possiamo spiegare la cosa anche in un altro modo. Dato un punto P della pianta (per esempio il punto-cupola di S. Pietro) tiriamo da esso la perpendicolare alla orizzontale di base e la perpendicolare al bordo verticale di sinistra, che è poi l'orizzontale per il punto in questione (vedi la figura 20). Per semplicità, chiamiamo asse orizzontale, o *primo asse del riferimento,* l'orizzontale-base della pianta; asse verticale, *o secondo asse del riferimento,* il bordo verticale di sinistra; chiamiamo poi *origine* del riferimento il punto d'incontro, O, dei due assi, cioè delle due semirette ora indicate. La perpendicolare al primo

Figura 19

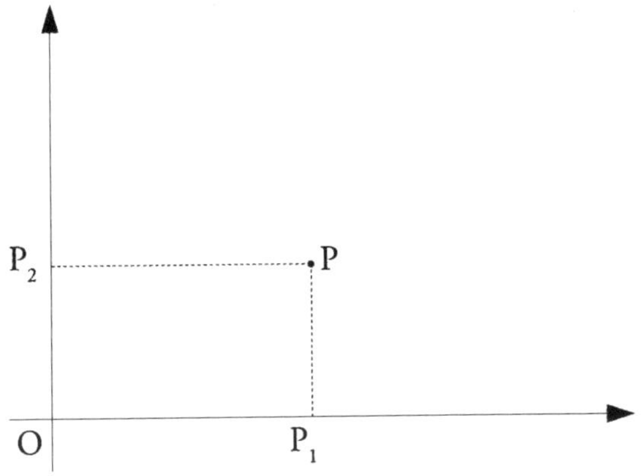

Figura 20

asse per il punto P lo incontrerà nel punto P_1; l'ascissa di P è allora la distanza dell'origine O dal punto P_1, uguale alla distanza di P stesso dal secondo asse; tale distanza sarà espressa in centimetri se avremo deciso di prendere come unità di misura il centimetro, in metri se abbiamo preferito come unità di misura il metro, e così via. La perpendicolare al secondo asse per il punto P lo incontrerà nel punto P_2: l'ordinata di P è allora la distanza di O da P_2, misurata con l'unità di misura che abbiamo già prescelto per le ascisse.

Viceversa: scegliamo a piacere due numeri. Per fissare le idee, siano i numeri 102 e 415. Allora, esisterà un punto P_1, e uno solo, sull'asse orizzontale, che ha distanza 102 dall'origine O; ed esisterà un punto P_2, e uno solo, sull'asse verticale, che ha distanza 415 da O. I numeri 102 e 415 indicheranno centimetri, metri, ecc., a seconda dell'unità di misura da noi scelta.

Da P_1 conduciamo la verticale, da P_2, l'orizzontale, e chiamiamo P il punto d'incontro delle due rette; P, allora, è un punto (il solo punto) che abbia per ascissa 102 e per ordinata 415. Proviamo a riassumere le cose che abbiamo finora osservato.

Siano date due semirette (*assi*) tra di loro perpendicolari (asse orizzontale e verticale) uscenti dal medesimo punto origine O; sia fissata inoltre una unità di misura delle distanze. Si consideri la parte di piano (il *quadrante*) compresa tra le due semirette. Allora: 1° – A un punto del quadrante si possono associare due numeri ben determinati (coordinate): l'*ascissa* e l'*ordinata,* che misurano rispettivamente la distanza di P dall'asse verticale e da quello orizzontale, cioè la lunghezza dei segmenti OP_1, OP_2 (vedi la figura 21); 2° – A una coppia di numeri dati in un certo ordine, per es. alla coppia (1,2) corrisponde uno, e un solo punto P del quadrante, quello che ha per ascissa 1 e ordinata 2, cioè quel solo punto che ha distanza 1 dall'asse verticale e distanza 2 da quella orizzontale (vedi ancora il disegno).

Nota bene. Ha grande importanza l'ordine dei due numeri: il punto di coordinate (1,2) è diverso dal punto di coordinate (2,1), come risulta chiaramente dal disegno.

Per un *quadrante,* cioè per, un quarto di piano, il metodo delle coordinate di Cartesio è ormai chiaro: ma dobbiamo ancora superare una difficoltà per estenderlo a tutto il piano. Una prima idea viene subito: invece di prendere come «riferimento» due semirette tra di loro perpendicolari uscenti dall'origine O, partiamo da due rette tra di loro perpendicolari passanti per O. Non può bastare questo piccolo cambiamento per coordinare (associare) a ogni punto P del piano una coppia di numeri, in un certo ordine: una ascissa e una ordinata che siano ancora le misure dei segmenti OP_1 e OP_2,

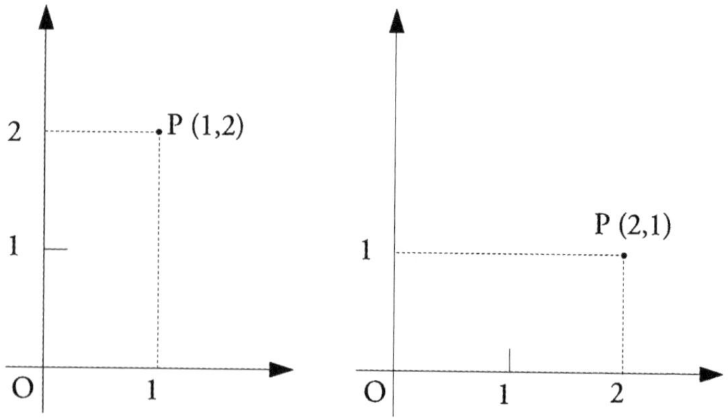

Figura 21

cioè le misure delle distanze di P rispettivamente dalla retta verticale e da quella orizzontale? Effettivamente ciò basta per compiere il primo passo: associare a ogni punto una ben determinata coppia di numeri, dati in un certo ordine; ma non basta più per il secondo passo, cioè per coordinare a una coppia (ordinata) di numeri un punto, e uno solo.

Dal disegno, si vede chiaramente che, operando nel modo proposto, a quattro punti diversi del piano sarebbe associata la stessa coppia (ordinata) di numeri, che è la coppia (2,1) nel caso dell'esempio.

Infatti, tanto il punto P_1 quanto il punto P'_1 sull'asse orizzontale hanno distanza 2 dall'origine; tanto il punto P_2 quanto il punto P'_2, sull'asse verticale hanno distanza 1 dall'origine. Scegliendo come assi delle rette (intere) anziché delle semirette, sorgono quindi degli equivoci nell'individuare, nel modo proposto, un punto di un piano con una coppia (ordinata) di numeri.

Ma è ben naturale che tali equivoci sorgano. Supponiamo che la retta $P'OP_1$ sia un'autostrada e che O sia una città. Sarebbe da sciocchi dare un appuntamento a un amico con automobile «sull'Autostrada del Sole, a 2 km da Firenze». Due km a sud di Firenze, o due km a nord? Due km prima, per chi viene da Roma, o due km dopo? Così, nella nostra retta passante per O, per individuare senza equivoci la posizione di P_1, non basta dire: è a distanza 2 da 0, occorre

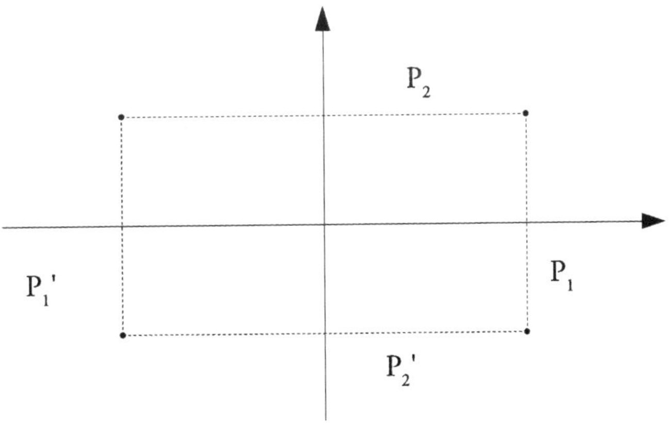

Figura 22

specificare: a distanza 2 da O, procedendo da O verso destra. P'_1 è anch'esso a distanza 2 da O, ma procedendo da O verso sinistra. Analogamente: P_2 è a distanza 1 da O andando dal basso verso l'alto; P'_2 è a distanza 1 andando dall'alto verso il basso. Se si è bene compreso l'ufficio dei numeri negativi in questioni consimili, verrà naturale proporre la seguente:

Convenzione dei segni. Le distanze dei punti dell'asse orizzontale che sono a destra dell'«origine», si prendono con il segno + (più); quelle dei punti dell'asse orizzontale a sinistra dell'origine si prendono con il segno – (meno); i punti nell'asse verticale che stanno al disopra dell'origine hanno distanza positiva da O, quelli che stanno al disotto del punto origine O hanno da esso distanza negativa.

Poiché l'ascissa di un punto qualsiasi si indica per solito con la lettera x, e l'ordinata con la lettera y, l'asse orizzontale si chiama:

asse delle ascisse, o *asse delle* x o *asse* x;

l'asse verticale si chiama:

asse delle ordinate, o *asse delle* y, o *asse* y;

Tutti e due gli assi si chiamano *assi coordinati.*

Semplificata così la terminologia, potremo dire dunque che il piano viene diviso dall'asse x e dall'asse y in quattro quadranti. Il 1°, è a destra dell'asse y, al di sopra dell'asse x; il 2° a sinistra dell'asse y, al di sopra dell'asse x; il 3° a sinistra dell'asse y, al di sotto dell'asse x; il 4° a destra dell'asse y, al disotto dell'asse x.

Allora, per la convenzione dei segni (vedi figura 23):

nel 1° quadrante un punto ha ascissa positiva, ordinata positiva;
nel 2° quadrante: ascissa negativa, ordinata positiva;
nel 3° quadrante: ascissa negativa, ordinata negativa;
nel 4° quadrante: ascissa positiva, ordinata negativa.

Niente più equivoci: i quattro punti che senza la convenzione dei segni, avevano tutti e quattro le coordinate: (2,1), hanno ora rispettivamente le coordinate: (2, 1); (–2, 1); (–2, –1); (2, –1): a una coppia

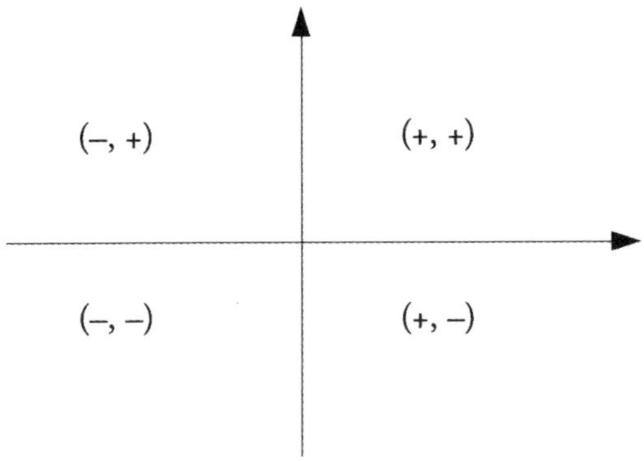

Figura 23

ordinata di numeri con segno *più* o *meno* corrisponde un ben determinato punto (osservare attentamente il disegno; per la convenzione dei segni nello spazio, vedere l'*Appendice* n. 16).

Punto = coppia di numeri (*in un certo ordine*)

Riflettiamo bene su quello che abbiamo fatto (nel caso del piano). Abbiamo preso:

1) un riferimento: abbiamo cioè fissato due rette perpendicolari, l'asse delle ascisse e l'asse delle ordinate, che si incontrano in un punto origine;

2) un metro (unità di misura).

Allora: dato un punto P esso ha una determinata ascissa, che chiamiamo x; questo è un numero (razionale o irrazionale, positivo o negativo). Il punto P ha anche una ben determinata ordinata, che chiamiamo y; questo è un altro numero, nel senso più largo della parola.

Ma è vero anche l'inverso: cioè, se considero due numeri, x e y, c'è un punto P, e uno soltanto, che ha per ascissa x e per ordinata y perché la verticale a distanza x dall'asse delle ordinate, e l'orizzontale a distanza y dall'asse delle ascisse sono individuate senza equivoci per la convenzione dei segni, e si incontrano in *un* punto e *uno soltanto.*

Ma allora si può scrivere:

$$P = (x, y).$$

Questa uguaglianza un poco strana, «un punto è uguale a una coppia di numeri scritti in un dato ordine», vuol dire appunto che esiste uno ed un sol punto P di coordinate x e y; e che, viceversa, dato comunque un punto P nel piano nel quale è segnato il nostro riferimento, esso ha una ben determinata ascissa x, una ben determinata ordinata y.

Eccola qui l'idea di Cartesio: tutta qui. Non è difficile, quando si siano bene compresi i numeri negativi. Potrà sembrare a prima vista un'esagerazione: ma si può affermare senz'altro che questa semplice idea è stata tanto rivoluzionaria da potersi considerare come uno dei principali punti di partenza di tutta la scienza moderna. Cercheremo di giustificare questa affermazione nelle pagine che seguono.

Retta = equazione di 1° grado.

Per tutti i punti dell'asse x, e per essi soltanto, è uguale a zero la distanza dall'asse x stesso, cioè l'ordinata. Perciò:

$$y = 0$$

per un punto che sta nell'asse x, e solo per un punto che sta sull'asse x. L'equazione $y = 0$, pertanto, è associata alla retta orizzontale di base, 1° asse del riferimento, ossia asse x; potremo perciò dire che:

$y = 0$ *è la equazione dell'asse* x.

Così potremo dire che

$x = 0$ *è la equazione dell'asse* y,

perché un punto qualsiasi dell'asse y, e solo un punto dell'asse y, ha ascissa 0 (distanza nulla dall'asse x).

Ancora: consideriamo le due bisettrici dei quattro angoli formati dagli assi x e y (vedi la figura 24). Una di esse attraversa il 1° e il 3° quadrante, l'altra il 2° e il 4°; si chiamano perciò la bisettrice del 1° e 3° quadrante, e la bisettrice del 2° e 4° quadrante. Preso un punto sull'una e sull'altra bisettrice, la sua distanza (nel senso ordinario o, meglio, assoluto) dall'asse delle x è uguale alla sua distanza dall'asse y; noi però non dobbiamo considerare solo la distanza assoluta: dobbiamo attribuire ad essa il segno + o il segno – in base alla convenzione dei segni.

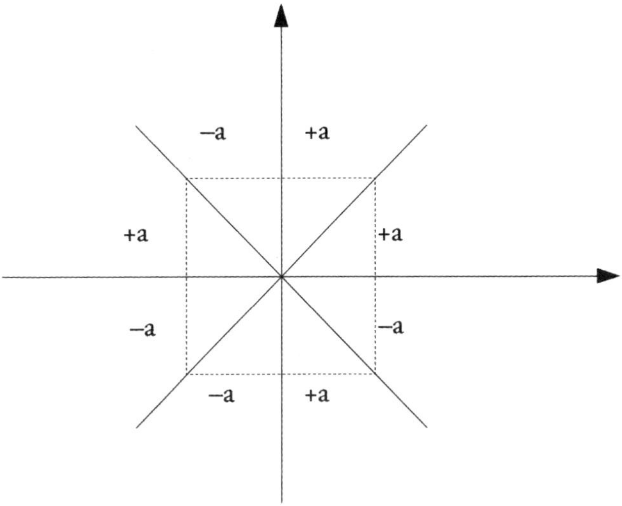

Figura 24

Vediamo allora subito che per un punto della bisettrice del 1° e 3° quadrante, la x e la y (cioè l'ascissa e l'ordinata) sono uguali e vanno prese con lo stesso segno (tutt'e due con il segno + nel 1° quadrante, tutte due con il segno – nel 3°); invece per un punto della bisettrice del 2° e 4° quadrante, la x e la y sono uguali come distanze assolute, ma debbono essere prese con segni opposti (negativa la x e positiva la y nel 2° quadrante, viceversa nel 4°).

In conclusione: per tutti, e soli, i punti della bisettrice del 1° e 3° quadrante si ha:

$$y = x;$$

per tutti, e soli, i punti della bisettrice del 2° e 4° quadrante si ha invece:

$$y = -x.$$

Le chiameremo, ancora una volta, equazioni delle bisettrici; sarà la stessa cosa parlare della «equazione $y = x$» o della «bisettrice di 1° e 3° quadrante», della «equazione $y = -x$», o della «bisettrice di

2° e 4° quadrante».

Supponiamo di avere una strada rettilinea, prolungata all'infinito in tutti e due i sensi, avente la pendenza costante del 3%. Questo vuol dire che ogni 100 metri si alza di 3 metri; ogni metro (cento centimetri) di tre centesimi di metro, cioè di tre centimetri; ogni centimetro di tre millimetri, e così via. Se disegnamo la strada come una retta passante per l'origine degli assi cartesiani, avremo perciò che in ogni suo punto il rapporto tra la quota, cioè l'ordinata, e l'ascissa, cioè lo spostamento orizzontale, deve essere uguale a 3/100 (poiché, appunto, la pendenza è del «tre per cento»). La cosa va bene anche per il tratto di retta-strada che sta al disotto dell'asse delle ascisse, in base alle regole di calcolo sui numeri negativi che abbiamo esposto alcune pagine indietro, come il lettore stesso può controllare (aiutandosi con i numeri segnati come esempio sulla figura 25). Questo vuol dire che per ogni punto P (x, y) della retta data, noi abbiamo la relazione:

$$y : x = 3 : 100;$$
$$y/x = 3/100;$$

cioè:

$$100 \cdot y = 3 \cdot x$$

cioè ancora, con la regola *al-giabr* (ricordate?)

$$100\,y - 3\,x = 0.$$

Quest'ultima è una *equazione* in x e y, cioè una uguaglianza che può andare bene e può non andare bene: dipende dai valori delle lettere, cioè dei numeri indeterminati, x e y. Ora, per quanto ab-

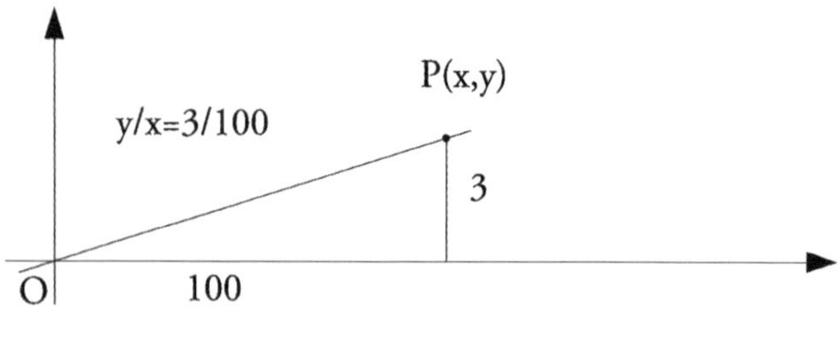

Figura 25

biamo detto, l'equazione va bene (si usa dire «è soddisfatta») se al posto di x e y mettiamo le coordinate di un punto P che sta sulla retta che passa per l'origine e che ha la pendenza del 3%; non va bene invece se ci mettiamo le coordinate di un punto che non si trova su quella retta.

Infatti, se un punto Q non sta su quella retta, ciò vuol dire appunto che sta su di una retta OQ che ha pendenza minore, o maggiore, del 3%, e allora il rapporto tra la y e la x di Q dev'essere minore, o maggiore, di 3/100, dovendo essere uguale alla pendenza della OQ; e se y/x è maggiore o minore di 3/100, non può essere:

$$y/x = 3/100,$$

né, quindi, $100\,y = 3\,x$; né, infine, $100\,y - 3\,x = 0$.
Ma allora è la stessa cosa dire che un punto P sta sulla retta in questione, o dire che $100\,y - 3\,x = 0$, perché, appunto, tutti i punti della retta in questione, ed essi soltanto, rendono vera con le loro coordinate (x, y) l'equazione ora scritta. Perciò, come scrivevamo:

$$P \equiv - (x, y),$$

[Il simbolo: ≡ è un segno di uguale (=) rafforzato; vuol dire: *identico a*]

possiamo ora scrivere:
«Retta per l'origine avente pendenza 3%»
equazione: «$100\,y - 3\,x = 0$».

L'equazione associata a una circonferenza

Prendiamo in esame la circonferenza che ha per centro l'origine O, e raggio uguale a 1 (lungo cioè quanto l'unità di misura fissata). Consideriamo ora un qualsiasi suo punto P, e abbassiamo da esso la perpendicolare all'asse delle ascisse. Avremo un triangolo rettangolo (vedi figura 26) nel quale l'ipotenusa è il raggio, uguale a 1, della circonferenza, mentre i cateti sono l'ascissa x e l'ordinata y del punto P. Allora, per il teorema di Pitagora:

(C) $$x^2 + y^2 = 1,$$

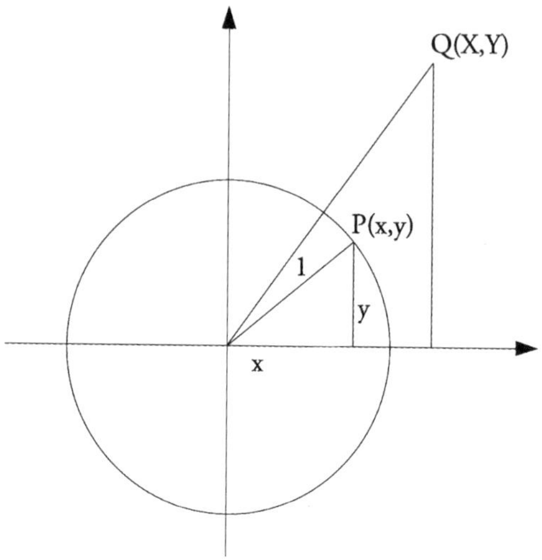

Figura 26

comunque si prenda il punto P = (x, y) sulla circonferenza (vedi: *Risposte a dubbi, Appendice* 19). Se invece si prende un punto Q = (X, Y) non sulla circonferenza, il punto Q ha distanza da O minore o maggiore di 1, e perciò per esso la somma $X^2 + Y^2$ è minore o maggiore di 1. Possiamo riassumere questi fatti dicendo che: «circonferenza di raggio 1 e centro O» = «equazione (C)»; oppure dicendo, come si usa dire, che l'equazione (C) è l'equazione della circonferenza O e raggio 1.

In *Appendice*, sono dati altri due esempi: quello della equazione associata a una *parabola,* che (scegliendo opportunamente gli assi) è:

$$y = x^2$$

e quella della equazione della *iperbole equilatera* che, prendendo come assi coordinati gli *asintoti* (tra di loro perpendicolari) di detta curva, è:

$$yx = 1,$$

cioè:

$$y = 1/x$$

6. Funzioni, derivate, integrali

y funzione di *x*

Consideriamo l'ultima equazione scritta: $y = 1/x$.

Essa ci permette di associare a ogni valore della x (che non sia lo zero) un valore y: per esempio:

se $x = 1$	allora	$y = 1/1 = 1$
se $x = 2$	»	$y = 1/2$
se $x = 0{,}1$	»	$y = 1/0{,}1 = 1/1/10 = 10$
se $x = -1$	»	$y = 1/-1 = -1$ (per la regola dei segni)
se $x = -3/5$	»	$y = 1/(-3/5) = -5/3$

e così via.

Anche nelle rimanenti equazioni di rette e di curve da noi scritte, quando compaiono tanto la x quanto la y a ogni valore della x restano associati uno, o due valori della y: *un* valore della y per ogni valore della x nella equazione della retta di pendenza 3% (al valore x resta associato il valore $y = 3/100\ x$), e così nelle equazioni delle bisettrici.

Nella equazione della parabola, a ogni x resta associato come y il quadrato della x stessa; nella equazione della circonferenza, al valore x dell'ascissa di un punto restano associati i *due* valori dell'ordinata y dati da: $+\sqrt{1 - x^2}$, $-\sqrt{1 - x^2}$ [un numero positivo, per esempio 4, ha due radici quadrate, uguali in *valore assoluto,* ma di segno opposto: + 2, e – 2; infatti, per la regola dei segni, anche $(-2) \cdot (-2) = +4$]. Se invece della intera circonferenza consideriamo solo la semicirconferenza al disopra dell'asse x, allora di nuovo a *un* valore dell'ascissa x corrisponde *un* solo valore dell'ordinata y, dato da: $+\sqrt{1 - x^2}$.

La cosa ha un significato geometrico piuttosto chiaro. Fissare un valore dell'ascissa, vuol dire voler prendere il punto su di una determinata parallela all'asse *y*; allora, in corrispondenza a quel valore della *x,* si avranno il punto o i punti di intersezione di quella retta con la linea data: *un* punto nel caso di una retta, della parabola, dell'iperbole, della semicirconferenza, *due* in quello della circonferenza (vedi figura 27).

In tutti questi casi, si dirà che la ordinata *y* del punto mobile (sulla retta, o sulla parabola, ecc.) è *funzione* della sua ascissa *x; funzione a un valore* nel caso della retta, della parabola, della semicirconferenza, *funzione a due valori* nel caso della circonferenza.

Anche nel linguaggio di ogni giorno si dice che una cosa è «funzione» di un'altra (o «in funzione» di un'altra), quando dipende dall'altra. Se qualcuno dice: «Io non ho ricchezze: le mie entrate sono in funzione del mio lavoro», intende dire che, fissata una quantità di lavoro *x,* resta di conseguenza determinata una certa entrata *y.* Il matematico precisa e generalizza, e dice che una grandezza *y* è *funzione* di un'altra grandezza, *x,* quando, fissato un valore per la *x,* restano di *conseguenza* determinati *uno,* o *più* valori della *x.* Se resta fissato un valore soltanto della *y*, si dirà che la *y* è una funzione a un valore della *x;* altrimenti che è una *funzione a più valori.* In ogni caso, il fatto che la *y* è funzione della *x* (dipende dalla *x*), si esprime con il simbolo:

$$y = f(x);$$

la *x* si chiama la *variabile indipendente,* la *y* la *funzione* o anche la *variabile dipendente.*

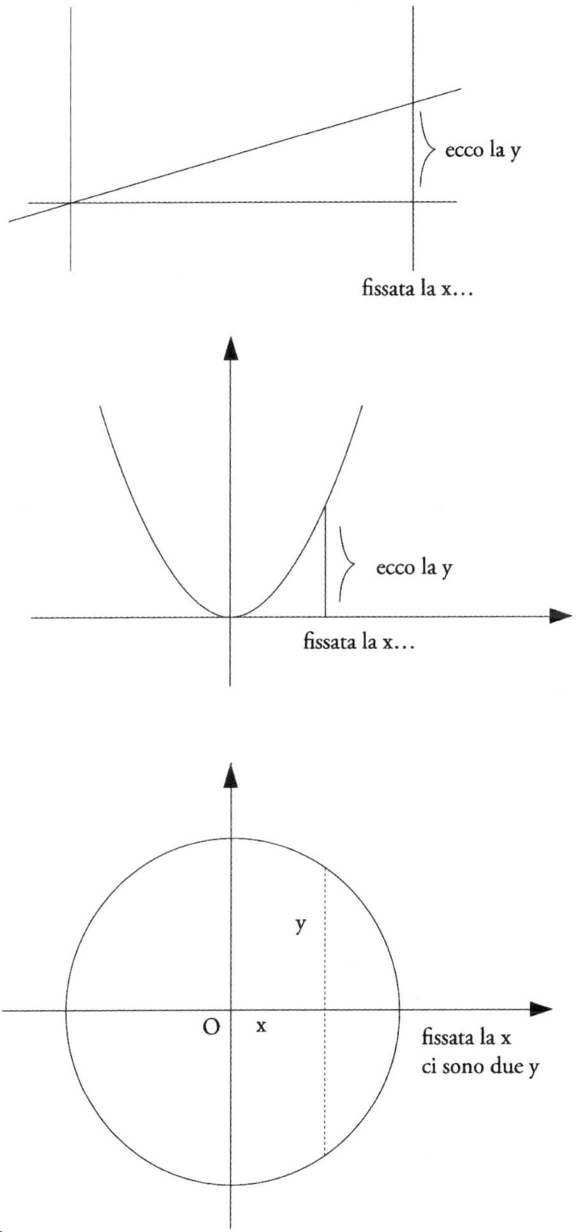
ecco la y
fissata la x...
ecco la y
fissata la x...
y
O
x
fissata la x
ci sono due y

Figura 27

Lo spazio funzione del tempo x. Il diagramma di un movimento

Uno dei casi di *dipendenza funzionale,* di una grandezza da un'altra, più comuni e più interessanti, si ha nel movimento di un corpo su di un dato percorso (o traiettoria). Supponiamo che un'automobile percorra uno o più giri di un autodromo. Al «via» scatta il cronometro e comincia a muoversi l'automobile, che per comodità chiameremo A. Dopo 1 secondo avrà percorso, poniamo, 5 metri; dopo 2 secondi, 15 metri; dopo 3 secondi, 50 metri, e così via; dopo 60 secondi, cioè dopo un minuto primo, avrà percorso, ad esempio, 2 km e mezzo, e così via. Lo spazio, s, percorso da A, nei t secondi successivi al «via», cioè all'istante della partenza («tempo zero»), è dunque funzione del tempo t impiegato a percorrerlo:

$$s = f(t).$$

Possiamo ricorrere a un diagramma cartesiano, segnando sul 1° asse (orizzontale) il tempo t, misurato come vogliamo, per esempio in secondi, sul 2° asse (verticale) lo spazio s, misurato per esempio in metri. Potremo chiamarli *asse dei tempi* e *asse degli spazi*, perché le ascisse sono ora i tempi, t, le ordinate gli spazi s. Allora al moto dell'automobile corrisponde un diagramma cartesiano, che otterremo congiungendo i punti di coordinate (1,5), (2,15), (3,50), ... (60,2.500), ecc. (dopo 1 secondo, 5 metri; dopo 2 secondi, 15 metri; dopo 3 secondi, 50 metri; ...; dopo 60 sec. 2.500 cioè 2 km e mezzo, ecc.).

Se A (questa volta non un'automobile, ma piuttosto una tartaruga) percorre 1 metro al secondo, il diagramma del moto sarà la retta: $y = x$ (dopo 1 secondo, 1 metro; dopo 2 secondi, 2 metri; ...; dopo 10 secondi, 10 metri, e così via). In generale, se A si muove con assoluta regolarità, se cioè A percorre spazi uguali in tempi uguali, il diagramma del suo moto è una *retta;* il moto si dice allora *uniforme.*

I fondatori del calcolo infinitesimale

Abbiamo ormai spiegato tutto quello che è necessario per far comprendere due altre idee fondamentali della matematica, quelle che stanno alla base del *calcolo infinitesimale,* e che sono dovute principalmente al tedesco Goffredo Guglielmo Leibniz e all'inglese Isacco Newton. Diciamo principalmente, perché – anche in questo caso – l'idea era nell'aria in Francia, in Italia, in Germania, in Inghilterra. Molti altri nomi quindi si potrebbero fare; ci limiteremo a farne i due principali tra gli italiani, dopo Bonaventura Cavalieri che già conosciamo: e saranno i nomi di Evangelista Torricelli, quello famoso del barometro, che abbiamo già citato altre volte, amico se non allievo del più anziano fra' Bonaventura, e quello di Pietro Mengoli, allievo del Cavalieri, e suo successore alla cattedra dell'università di Bologna. Ci guarderemo bene dal soffermarci sulla interminabile discussione, tra i seguaci di Newton e quelli di Leibniz, sulla priorità della scoperta, cioè su chi dei due era arrivato prima. Leibniz getta le basi del calcolo infinitesimale in un opuscolo di poche pagine, pubblicato nel 1684, nel quale espone un nuovo metodo per determinare massimi, minimi, tangenti a una curva, e (come ora vedremo) anche aree, lunghezze e volumi. Newton inventa e impiega un nuovo metodo, per gli stessi scopi, nella sua monumentale opera (1687) sui *Principi matematici della fisica* (*Phylosophiae naturalis principia mathematica*). Leibniz e Newton arrivarono alle stesse idee in forma diversa, per vie diverse: non è più il momento di contrapporre i loro nomi, come a lungo accadde, ma è invece quello di unirli.

La velocità istantanea e l'idea di derivata

Prendiamo di nuovo in considerazione il moto di un oggetto A. Se A si muove di moto uniforme, percorrendo, p. es., 4 m in ogni secondo, noi diciamo che A procede con la *velocità* di 4 metri al secondo (in simboli: 4 m/sec.). Nel caso in esame, percorre 8 m in 2 sec., 12 m in 3 sec.: ora, 8/2 = 12/3 = 4/1; e quindi la velocità può essere misurata, più in generale, come il rapporto tra lo spazio percorso e il tempo impiegato a percorrerlo, cioè:

$$v = s/t.$$

Le cose però si complicano parecchio quando il moto di A non è uniforme. Supponiamo che A sia di nuovo un'automobile in corsa su di un circuito lungo km 2,5 (a forma di anello); noi stiamo esattamente sulla linea del traguardo, e osserviamo che, quando A sfreccia di fronte a noi alla fine del 2° giro, cioè dopo 5 km, sono passati esattamente 90 secondi, cioè un minuto e mezzo. Facciamo allora il nostro calcolo così: in un'ora sono contenuti 60 x 60 = 3.600 secondi; 3.600 : 90 = 40; se in 90 secondi ha percorso 5 km, in 3.600 ne percorrerà 40 x 5, cioè percorrerà 200 km; A marcia «alla media» di 200 km/h (200 chilometri all'ora).

Tutta la differenza tra la definizione della velocità data prima, nel caso di un moto uniforme, e il calcolo svolto adesso, sta in quelle due parole: «alla media». Nel caso del moto non uniforme, noi ragioniamo infatti così: «A ha percorso 5 km in 90 secondi; se avesse marciato con moto uniforme, avrebbe dovuto procedere alla velocità di 200 km/h». In realtà, A sarà andato accelerando in partenza, avrà frenato in curva, avrà dato «tutto gas» sul rettilineo: se ci sono parecchi cronometristi, si potrà constatare allora che in un primo tratto la velocità media è stata di 120 km/h, in un altro di 250 km/h, in un altro ancora di 180 km/h.

Ma se voglio sapere che velocità ha l'automobile mentre passa di fronte a me, nell'attimo che mi sfreccia davanti, come debbo fare? E che cosa significa esattamente: *velocità istantanea,* velocità in un determinato attimo, che non ha durata?

La prima risposta precisa al quesito è stata data, appunto, da Leibniz e Newton. Il calcolo infinitesimale, anzi quella parte di esso che si chiama *calcolo differenziale,* non solo ci spiega con precisione cosa voglia dire velocità istantanea, ma ci permette anche di calcolarla, a partire dalla *equazione del movimento,* cioè dalla equazione $s = f(t)$, che dà lo spazio percorso s, in funzione del tempo t impiegato a percorrerlo. Noi non possiamo qui neppure accennare al modo nel quale si debbono fare i calcoli: possiamo solo dire qualche cosa, assai alla buona, sul concetto di velocità istantanea.

Supponiamo di voler definire, e calcolare, la velocità istantanea di A al decimo secondo dopo l'inizio del moto, cioè per $t = 10$. Possiamo procedere così: consideriamo lo spazio percorso tra l'8° e il 12° secondo: sarà la differenza $S - s_1$, tra lo spazio S_1 percorso in 12 secondi e lo spazio s_1 percorso in 8 secondi. La velocità media nell'intervallo di tempo di 4 secondi tra l'8° e il 12° secondo è allora il rapporto, $(S_1 - s_1)/4$, tra lo spazio percorso e il tempo impiegato a percorrerlo. Restringiamo ora l'intervallo di tempo, e consideriamo lo spazio, $S_2 - s_2$ percorso tra il 9° e l'11° secondo: otterremo una nuova velocità media, $(S_1 - s_1)/2$.

Possiamo pensare di procedere così indefinitamente, di considerare cioè velocità medie relative a intervalli di tempo sempre più piccoli comprendenti l'istante che ci interessa. Si intuisce che, salvo il caso di improvvise e fortissime variazioni di velocità (*accelerazioni*), queste velocità medie andranno sempre più avvicinandosi a un *valore-limite:* esso sarà da noi chiamato la velocità nell'istante considerato. La velocità appare perciò ancora come rapporto tra spazio e tempo, ma tra lo spazio infinitesimo (cioè infinitamente piccolo) e il tempo infinitesimo impiegato a percorrerlo, non più tra lo spazio finito, non «evanescente», percorso in un intervallo di tempo misurabile, e l'intervallo di tempo stesso. Il calcolo ordinario che opera su grandezze finite, non basta più: occorre un calcolo speciale che riesca a operare su grandezze che rimpiccoliscono sempre di più, pur conservando un rapporto; occorre un calcolo infinitesimale. Considerando l'espressione del moto: $s = f(t)$, si dice allora che la velocità v nell'istante t è la *derivata* della funzione $s = f(t)$, calcolata per $t = T$, cioè il rapporto tra uno spazio infinitesimo e il tempo infinitesimo, comprendente l'istante T, impiegato a percorrerlo (per il simbolismo, vedi l'*Appendice* n. 18).

Area e integrale

Anche per quel che riguarda il nuovo metodo di Leibniz e Newton per la determinazione di lunghezze, aree, volumi, potremo cercare di dare solo un'idea... dell'idea; e in un caso particolare, quello del calcolo di un'area piana limitata da una curva.

Nota bene. (Si tengano sempre sott'occhio le figure; meglio ancora rifarle da soli su un pezzo di carta). Il problema è questo: calcolare l'area piana compresa tra l'asse delle ascisse, l'arco di curva, le ordinate dei due estremi. Si guardi ora la seconda e la terza figura: l'idea è piuttosto chiara ed è simile a quella di Archimede per retti-

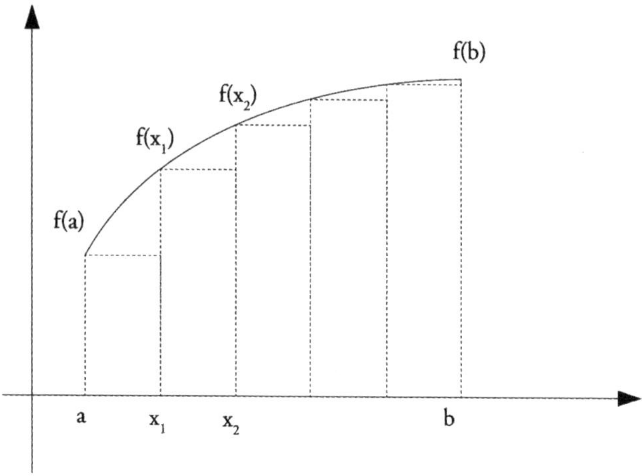

Figura 28

ficare la circonferenza. Invece di calcolare l'area esatta, calcoliamo l'area, più piccola, formata da tanti rettangolini inscritti, oppure l'area più grande, formata da tanti rettangolini circoscritti (figura 28). La novità rispetto ad Archimede comincia adesso: possiamo scrivere queste somme (di aree di rettangoli) in numeri se sappiamo che l'arco di curva ha equazione: $y = f(x)$ (cioè se la y di ogni suo punto si ottiene dalla x dello stesso punto mediante certe operazioni simboleggiate da quell'f). Consideriamo i rettangoli inscritti: i punti di divisione sull'asse delle ascisse abbiano ascisse x_1, x_2, x_3, ecc. (leggi «x con uno», «x con due», ecc.) il che vuol dire semplicemente diversi valori di x: un primo, un secondo, un terzo e così via. Allora le y corrispondenti avranno i valori: $f(x_1)$, $f(x_2)$ ecc.; se, per esempio, quel simbolo f sta ad indicare una elevazione al quadrato, allora per x uguale a x_1, y sarà uguale a x^2_1 ecc.; cioè, se $x = 0$, $y = f(0) = 0$; se $x = 1$, $y = 1^2 = 1$; se $x = 2$, $y = 2^2 = 4$ ecc.

Quindi la misura dell'area per difetto sarà:

$$(x_1 - a) f(x_1) + (x_2 - x_1) f(x_2) +, \text{ecc.}$$

perché l'area di ogni rettangolo è data dalla base per l'altezza, e nel nostro caso le basi sono i tratti $(x_1 - a)$, $(x_2 - x_1)$ ecc., le altezze, i valori $f(x_1)$, $f(x_2)$ ecc. dell'ordinata y.

La misura dell'area per eccesso si otterrà in modo analogo dai rettangoli circoscritti. Se aumentiamo il numero dei rettangolini inscritti e circoscritti, diminuendo la lunghezza delle basi, cioè suddividendo in parti più piccole la base di tutta la figura, avremo una approssimazione migliore (per difetto, o per eccesso), commetteremo un errore minore. Si intuisce che, così procedendo indefinitamente, se la curva contornante è abbastanza regolare, ci si avvicinerà a un valore limite, che sarà esattamente l'area della regione piana considerata. Questo procedimento si chiama *integrazione,* quel valore limite l'*integrale* (*definito*) *della funzione* $f(x)$ *esteso all'intervallo di estremi* a e b (per il simbolismo, vedi *Appendice* n. 18). Anche qui, non basta più il calcolo ordinario, che ci insegna a sommare un numero finito di aree finite, non evanescenti (diciamo così); occorre un nuovo tipo di calcolo, che ci permetta di sommare infiniti addendi infinitamente piccoli, un *calcolo infinitesimale.*

L'idea che abbiamo esposta così brevemente (troppo brevemente) è un perfezionamento di quella degli *indivisibili*, dell'idea di Archimede e Cavalieri. Vi sono però due differenze molto grandi. In primo luogo, non si divide mai l'area in fili infinitamente sottili, cioè in linee parallele che la ricoprono; la si approssima invece con aree, somme di rettangolini, sempre più piccoli, mai però filiformi. In secondo luogo, sfruttando l'idea cartesiana delle coordinate di un punto e della equazione di una curva, si costruisce una espressione algebrica, la quale non solo, infittendosi la suddivisione della base, ci dà una misura sempre meglio approssimata dell'area cercata, ma come limite ci dà esattamente l'area cercata.

Ora, Newton e Leibniz sono stati appunto i primi a indicare un metodo più o meno automatico, capace di farci calcolare tale limite. Questa «macchina» si chiama *integrazione,* ed è relativamente complicata: però l'idea che sta alla base della sua costruzione, e che abbiamo ora accennata, è invece, nella sua essenza, piuttosto semplice.

Conclusione di una storia che non ammette conclusioni

Questa è l'ultima grande idea semplice e geniale della nostra storia. L'ultima, perché con essa si conclude tutto un periodo della storia del pensiero matematico. Se ne apre però un altro, quello nel quale ancora viviamo, pieno di un numero crescente di meraviglie, anche nel campo matematico, quali sono ad esempio oggi le grandi macchine calcolatrici elettroniche. Però anche sotto le più astruse magie odierne vi è, sempre, un'idea semplice. La storia della matematica, dopo Newton e Leibniz, è ancora piena di semplici idee che hanno rivoluzionato il sapere, che hanno aperto mondi nuovi, sconfinati, alla mente umana. Semplice l'idea di Gauss, di Lobacevski, di Bolyai, i quali, non convinti che in un triangolo comunque grande la somma degli angoli interni debba essere per forza uguale a due retti, ardiscono pensare a una geometria «astrale», non-euclidea, anti-euclidea. Semplici le idee del grande Bernardo Riemann, che, sviluppando lo spunto di Gauss e Lobacevski, ci ha insegnato a parlare di *spazi* e di *geometrie* al plurale, anzi... all'infinitamente plurale. Semplice l'idea che è alla base della *Ars conjectandi* (1713), dell'*Arte di congetturare*, di Giacomo Bernoulli che oggi chiamiamo calcolo delle probabilità, e che ha la sua prima origine da problemi sorti... giocando a dadi o a carte. Semplici tante, tante altre idee geniali, come quella del francese Henri Lebesgue (1912) che capì bene il concetto di *dimensione* mentre, per riposare la mente, stava costruendo un muretto di mattoni nel suo giardino e fu colpito dal fatto che in parecchi punti del muretto dovevano incontrarsi bordi di almeno tre mattoni. Sono, queste e altre, storie di più recenti *idee della matematica* che l'Autore racconterebbe volentieri ai ragazzi. Ma... se già adesso egli stesse parlando da solo, mentre l'uditorio si è squagliato ed egli non se ne è accorto? Prima di proseguire, sarà bene che egli sappia se queste prime «avventure matematiche» sono state comprese dai ragazzi, almeno dai più pazienti e riflessivi, e li hanno appassionati.

Appendice n. 1

La numerazione degli antichi Romani

I principali segni fondamentali:

I = uno	un dito:
V = cinque	una mano:
X = dieci	le due mani:

L = cinquanta - C = cento - D = cinquecento - M = mille.

Le regole per formare i numeri a partire dai segni fondamentali:

1. *Addizione di segni vicini* (numerazione « additiva»): se due numeri sono scritti uno dopo l'altro, e se il primo non è più piccolo del secondo, il secondo dev'essere addizionato al primo.

Dall'I (= uno) e dal V (= cinque) si ottengono così intanto i numeri:

II = I + I = due; III = I + I + I = tre;
VI = V + I = sei; VII = V + I + I = sette;
VIII = V + I + I + I = otto.

2. *Sottrazione di segni vicini:* di un numero da quello che lo segue immediatamente, se il primo è più piccolo del secondo. Dall'I, dal V, dal X si ottengono così intanto i numeri:

IV = V – I = quattro; IX = X – I = nove, che ci permettono di completare la numerazione da I a X.

Le due regole si possono combinare.

Per esempio;

XIX = X + (X – I) = diciannove;
CXLVI = C + (L – X) + (V + I) = cento quaranta sei;
MMMMDCCCLXXXIV = (M + M + M + M) + (D + C + C + C) + (L+ X + X + X) + (V – I) = quattro mila otto cento ottanta quattro = 4884.

Nota bene. Si osservi che, per scrivere il numero «quattromilaottocentottantaquattro» con il metodo dei Romani, occorrono *quattordici segni,* mentre per lo stesso numero sono sufficienti *quattro* cifre arabiche.

Appendice n. 2

La regola turca

Chiudiamo i pugni; poi, dati due numeri compresi tra il 6 e il 9, solleviamo in una delle due mani tante dita quante sono le unità che bisogna aggiungere al numero 5 per avere il primo numero, e facciamo quindi per il secondo numero la stessa cosa con l'altra mano. Insomma: per indicare, su di una mano, il 6, alzeremo un solo dito, per esempio il pollice; per indicare il 7 due dita, per esempio il pollice e l'indice, e così via. Vogliamo vedere quanto fa 7 per 8? Sommiamo le dita sollevate nella mano corrispondente al 7, che sono *due,* a quelle sollevate nella mano corrispondente all'8, che sono *tre:* tre più due = cinque. Moltiplichiamo tra di loro il numero delle dita piegate delle due mani (delle nocche delle dita che non abbiamo sollevato): tale numero è tre nella mano corrispondente al 7, due in quella corrispondente all'8: tre per due = sei. La prima cifra ottenuta ci dà le *decine,* la seconda le *unità:* cinque decine più sei unità vuol dire 56, cioè esattamente 7 per 8.

Non è «fortuna», va sempre bene, anche nel caso meno elegante, quello del 6 per 6. (Per indicare ciascuno dei due 6, si alza un dito e se ne lasciano piegati quattro; eseguendo il prodotto con la regola turca ottengo 1 + 1 = 2 decine, 4 x 4 = 16 unità, cioè 20 + 16 = 36 = 6 x 6).

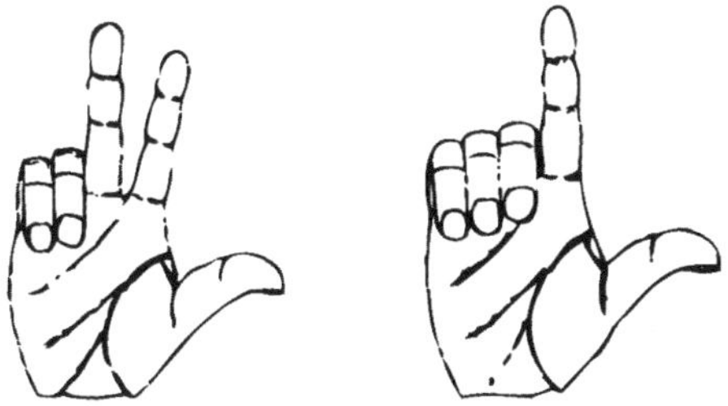

Per i più grandi. La giustificazione della regola turca non è tanto facile, richiede qualche conoscenza di *calcolo letterale.* Due numeri compresi tra il 6 e il 9 potranno essere scritti nella forma: $10 - a$, e $10 - b$, dove quelle lettere, a e b, vorranno dire, a seconda dei casi: 1, o 2, o 3, o 4 ($9 = 10 - 1$; $8 = 10 - 2$; $7 = 10 - 3$; $6 = 10 - 4$).

Eseguiamo il prodotto:

$$(10 - a) \times (10 - b) = 100 - 10\,(a + b) + ab = 10\,(10 - a - b) + ab.$$

Il risultato ci dice che il prodotto cercato è un numero composto da $(10 - a - b)$ decine, e da ab unità. Ma a e b sono i numeri delle dita che bisogna lasciare piegate, rispettivamente sulla prima e sulla seconda mano, per ottenere i numeri $10 - a$ e $10 - b$; poiché le dita sollevate sono in tutto dieci, allora: $10 - (a + b) = 10 - a - b$ è il numero complessivo delle dita sollevate, e la regola turca è giustificata.

Appendice n. 3

La regola di Pitagora per calcolare il quadrato di un numero

Il primo numero dispari è: 1

allora il numero: 1
ha per quadrato: 1

I primi 2 numeri dispari sono: 1 e 3
allora il numero: 2
ha per quadrato la loro somma: $1 + 3 = 4$

I primi 3 numeri dispari sono: 1, 3 e 5
allora 3 ha per quadrato la loro somma: $1 + 3 + 5 = 9 = 3 \times 3$

I primi 4 numeri dispari sono: 1, 3, 5, 7
4 al quadrato = 4^2 = loro somma = $1 + 3 + 5 + 7 = 16$

I primi 5 numeri dispari sono: 1, 3, 5, 7, 9
$5^2 = 1 + 3 + 5 + 7 + 9 = 25$

I primi 6 numeri dispari sono: 1, 3, 5, 7, 9, 11
$6^2 = 1 + 3 + 5 + 7 + 9 + 11 = 36$

I primi 7 numeri dispari sono: 1, 3, 5, 7, 9, 11, 13
pertanto il quadrato di 7 è: $7^2 = 1 + 3 + 5 + 7 + 9 + 11 + 13 = 49$.

Allora:
per avere il quadrato di 8 basterà aggiungere al quadrato di 7 l'ottavo numero dispari: $8^2 = 49 + 15 = 64$;
per avere il quadrato di 9 basterà aggiungere al quadrato di 8, che è

la somma dei primi 8 numeri dispari, il nono numero dispari, che è 17: $9^2 = 8^2 + 17 = 81$.

Si può andare avanti quanto si vuole. Il quadrato di 20, per esempio, sarà la somma dei primi 20 numeri dispari (che sono 1, 3, 5, ..., 39). La regola può servire anche al contrario. Scommettiamo con un amico che in dieci secondi al massimo siamo capaci di fare la somma dei primi *cento* numeri dispari (*risposta immediata:* è il quadrato di 100, cioè 100 per 100, cioè 10.000).

Appendice n. 4

Applichiamo la regola di Pitagora per misurare gli spazi percorsi da un sasso che lasciamo cadere dall'alto

Per i più grandi. Quando un corpo pesante, oppure, come si usa dire, un «grave», viene lasciato cadere naturalmente, abbandonandolo cioè alla forza di gravità senza dare a esso impulsi di sorta, si sa che lo spazio percorso è proporzionale al quadrato del tempo impiegato a percorrerlo. È, questa, la famosa legge della caduta libera dei gravi di Galileo Galilei. In altre parole: in *due* secondi il grave percorrerà uno spazio di caduta (verticale) *quattro volte* quello attraversato nel primo secondo; in *tre* secondi *nove* volte tanto, in *quattro* secondi *sedici* volte quel primo tratto di caduta (quello, cioè, percorso nel primo secondo), e così via.

Ora, per la regola pitagorica (vedi *Appendice* n. 3) si ha come conseguenza che gli spazi percorsi nel primo, nel secondo, nel terzo, ecc, minuto secondo sono proporzionali ad uno, tre, cinque, sette, ecc., cioè che gli spazi percorsi nei successivi secondi stanno tra di loro come i numeri dispari successivi. Cioè: nel secondo minuto secondo il grave cadente attraversa uno spazio tre volte maggiore di quello percorso nel primo secondo di caduta libera, nel terzo, cinque volte maggiore, nel quarto, nove volte, e così via. Da accurate misure, si sa che lo spazio percorso nel primo secondo di caduta libera da un grave (che è indipendente dalla «massa») è di m 4,90 circa: nel minuto secondo successivo il percorso sarà allora di 3 x 4,90 = 14,70 m; nel terzo secondo di 5 x 4,90 = 24,50 m, e così via.

Appendice n. 5

Numerazioni in basi diverse dal dieci

In base cinque:

Le «unità» sono i numeri più piccoli di cinque; si usano i simboli ordinari:

1 = uno; 2 = due; 3 = tre; 4 = quattro; 5 = cinque.

Invece che in decine, le unità si raggruppano in cinquine: come in base dieci, una decina si scrive: 10 (una decina + nessuna unità), così, in base cinque una cinquina si scrive 10 (una cinquina + nessuna unità).

Come dieci decine si raggruppano in un centinaio così cinque cinquine si raggruppano in una venticinquina: come dieci centinaia si raggruppano in un migliaio, così cinque venticinquine si uniscono a formare una centoventicinquina.

Perciò, in base cinque:

100 = venticinque (una venticinquina + nessuna cinquina + nessuna unità);
1.000 = centoventicinque (una centoventicinquina + nessuna venticinquina + nessuna cinquina + nessuna unità).

Perciò, in base cinque:

10 = cinque; 11 = sei (una cinquina + una unità); 12 = sette; 13 = otto; 14 = nove; 20 = dieci (due cinquine + nessuna unità); 21 = undici; 22 = dodici; 23 = tredici; 24 = quattordici (due cinquine + quattro unità); 30 = quindici (tre cinquine + nessuna

unità); 40 = venti; 41 = ventuno; 42 = ventidue; 43 = ventitre; 44 = ventiquattro (quattro cinquine + quattro unità);

100 = venticinque; 101 = ventisei; 111 = trentuno (una venticinquina + una cinquina + una unità); fino a 144 = quarantanove (una venticinquina + quattro cinquine + quattro unità); poi:

200 = cinquanta (due venticinquine); 300 = settantacinque (tre venticinquine); 400 = cento (quattro venticinquine); fino a: 444 = centoventiquattro;

1.000 = centoventicinque; 2.000 = duecentocinquanta; 3.000 = trecentosettantacinque; 4.000 = cinquecento; fino a 4.444 = seicentoventiquattro = cinquecento + cento + venti + quattro = quattro volte centoventicinque + quattro volte venticinque + quattro volte cinque + quattro volte uno.

Il primo numero a cinque cifre sarà allora:

10.000 = cinque volte centoventicinque = seicentoventicinque = cinque x cinque x cinque x cinque alla quarta potenza;

il primo numero a sei cifre sarà:

100.000 = tremilacentoventicinque = cinque per seicentoventicinque = cinque alla quinta potenza;
e così via.

In altre basi:

Base *tre:* 10 = tre; 100 = tre al quadrato = nove; 1.000 = tre al cubo = ventisette; 10.000 = tre alla quarta potenza = ottantuno. Per dare un esempio: il numero:

2.122

va letto così:

due volte ventisette + una volta nove + due volte tre + due = settantuno.

Nota bene. Bastano tre cifre: 0, 1, 2.

Base *undici:* 10 = undici; 100 = undici per undici = centoventuno; 11 = un undici + un uno = 12; 111, = centoventuno + un undici + un uno = centotrentatre.

Nota bene. Poiché dieci è minore di undici, il numero dieci figura tra le unità: occorrerà «inventarsi» una nuova cifra per indicare il numero dieci nella numerazione in base undici.

Appendice n. 6

La numerazione «in base due», ovvero: bastano le due cifre 0 e 1, per scrivere un numero qualunque

Preso un numero qualunque, esso è la somma di:

unità (nessuna o una) + coppie (nessuna o una) + quaterne (nessuna o una) + ottetti (nessuno o uno) + sedicine (nessuna o una) + quel che viene prendendo le successive potenze di due (quattro = due x due = due alla seconda; otto = due alla terza; sedici = due alla quarta; trentadue = due alla quinta; sessantaquattro = due alla sesta, ecc.).

Allora i numeri si scrivono così:

1	=	uno = una unità; 10 = due = una coppia + zero unità;
11	=	tre = una coppia + una unità;
100	=	quattro = una volta due alla seconda + zero volte due + zero unità;
101	=	cinque = una volta due alla seconda + zero volte due + una unità;
110	=	sei = una volta due alla seconda + una volta due + zero unità;
111	=	sette = una volta due alla seconda + una volta due + uno;
1.000	=	otto = una volta due alla terza potenza + zero volte due alla seconda + zero volte due + zero unità;

1.001 = nove = tutto come prima, ma alla fine una unità, e non zero;

1.010 = dieci = una volta due elevato alla terza + zero volte due alla seconda + una volta due + uno;

1.011 = undici = una volta due alla terza + zero volte due al quadrato + una volta due + uno;

e così via fino a:

1.111 una volta otto + una volta quattro + una volta due + uno = quindici. Poi:

10.000 sedici = due alla quarta potenza (tanti zeri quanto è l'esponente della potenza del due, cioè quattro); fino a:

11.111, che vuol dire: trentuno. *Perché?* – E poi 100.000 = ?; e poi…

Appendice n. 7

Non credere a quello che vedi! ovvero: la moltiplicazione dei quadrati

Ecco come si fa (attenzione ai trucchi!) a rompere una scacchiera di 64 quadratini in quattro parti, e a rimetterle insieme in modo che vengano fuori 65 quadratini uguali ai precedenti: uno in più, senza aggiungere niente!

Guardate le due figure. Non sono forse uguali le quattro parti nelle quali sono divise? Sono divise infatti, l'una e l'altra, in due triangoli rettangoli di base 8 e altezza 3, e in due trapezi rettangoli aventi altezza 5 e le due basi parallele lunghe 5 e 3. Eppure il quadrato contiene 8 per 8, cioè 64 quadratini, il rettangolo invece ne contiene 13 per 5, cioè 65. Come va la faccenda?

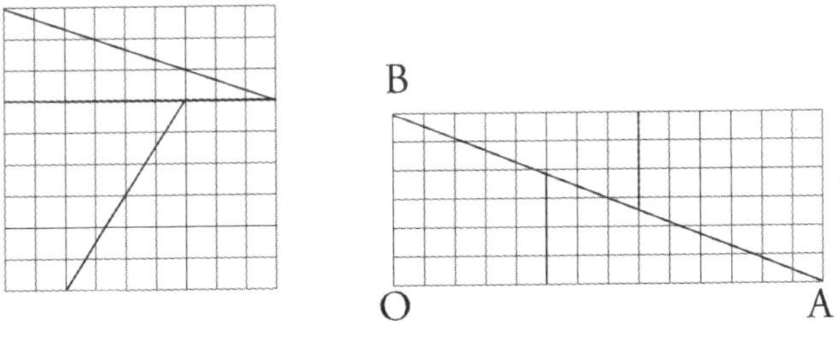

Attenzione alla seconda figura! Le inclinazioni dell'ipotenusa (lato lungo) di un triangolo e del lato obliquo del trapezio non sono le stesse. Infatti l'ipotenusa si alza di tre quadratini per ogni otto, cioè, se immaginiamo prolungata la retta che la contiene, di quindici quadratini per ogni quaranta ($5 \cdot 3 = 15$, $5 \cdot 8 = 40$, e l'innalzamento è uniforme); mentre il lato obliquo, innalzandosi di due quadratini per ogni cinque di spostamento orizzontale, si innalzerà di *sedici*

quadratini per uno spostamento di quaranta (8 · 2 = 16; 8 · 5 = 40); ciò vuol dire che è più «ripido» della ipotenusa detta. L'occhio, perciò, ci inganna facendoci credere che la linea che va da A a B così come l'abbiamo disegnata sia una retta: è invece una *spezzata,* composta di tratti di retta diversamente inclinati. Per esempio, nel secondo disegno così come l'abbiamo fatto noi, si vede anche con l'occhio (ma dopo che la mente lo ha messo in guardia) che l'ipotenusa del triangolo, in basso a destra, dopo cinque quadratini da destra a sinistra, si è innalzata *un poco di meno* di due lati di quadratino, mentre nel triangolo in alto a sinistra del secondo disegno, l'ipotenusa, dopo cinque «passi» da sinistra a destra, si abbassa esattamente di due quadratini. Ciò vuol dire che se nel triangolo grande A O B tiriamo la *vera* ipotenusa, essa è un poco più bassa della falsa ipotenusa del disegno, composta in realtà di tratti di rette differenti; sono queste piccole differenze, quasi impercettibili sia quando si guarda, sia quando si taglia e si incolla, che formano il quadratino in più.

Appendice n. 8

Nessuna frazione ha per quadrato due

($\sqrt{2}$ è un numero *irrazionale*)

Supponiamo che esista una frazione, di numeratore m e denominatore n, la quale abbia per quadrato il numero 2.

Le lettere m e n indicano due numeri interi; possiamo pensare i numeri interi m e n primi tra di loro, perché, se avessero un fattore comune potremmo sempre eliminarlo, dividendo per esso tanto il numeratore m quanto il denominatore n (per esempio, se $m = 14$, $n = 10$, al loro posto possiamo mettere i due numeri 7 e 5, ottenuti da essi eliminando il fattore comune 2, e ciò perché: $14/10 = 7/5$). Dovrebbe essere, dunque:

$$(m/n)^2 = 2, \text{ cioè:}$$
$$m^2/n^2 = 2, \text{ cioè ancora:}$$
$$m^2 = 2n^2 .$$

m e n, essendo primi tra di loro, non possono essere tutti e due *pari*. Sono allora possibili tre casi:

1) m è dispari, n è pure dispari; 2) m è dispari, n è pari; 3) m è pari, n è dispari.

Facciamo ora vedere che tutti e tre i casi possibili sono invece *impossibili.*

Il caso 1) è da escludere. Infatti, se m e n sono dispari, sono dispari anche m^2 e n^2 (il quadrato di un numero contiene gli stessi fattori del numero, ripetuto ciascuno due volte; se un numero non è divisibile per 2, non lo è neppure il suo quadrato). Ma il doppio di n^2, cioè $2n^2$, è pari, e non può essere uguale al numero dispari m^2:

$m \neq 2n^2$, (il simbolo $\neq$ vuol dire «diverso da...»).

Il caso 2) è *impossibile.* Infatti, se m è dispari, m^2 è dispari mentre, come prima... e più di prima, $2n^2$ è pari (già n^2 è pari). Si ha ancora:

$$m^2 \neq 2n^2.$$

Infine, anche il caso 3) non si può verificare. Infatti, se m è pari, è divisibile almeno per 2 (forse anche per una «potenza» di 2), e perciò il suo quadrato è divisibile almeno per $2 \cdot 2 = 4$. Se n è dispari, n^2 è pure dispari, $2n^2$ è divisibile *solo* per 2, e non per 4; perciò:

$$m^2 \neq 2n^2,$$

perché il primo numero è divisibile per 4, il secondo no.

Quindi:
Non esiste nessuna frazione, in particolare nessun numero intero, che abbia per quadrato il numero 2.
Dal punto di vista geometrico: consideriamo la misura della diagonale di un quadrato rispetto al suo lato, e chiamiamo d tale misura. Per il teorema di Pitagora, posta la lunghezza del lato uguale a 1, cioè preso il lato come «metro», si ha che:

$$d^2 = 1^2 + 1^2 = 2.$$

Perciò:

La diagonale di un quadrato è incommensurabile con il lato; la sua misura rispetto al lato, che è la radice quadrata di 2 ($\sqrt{2}$) *non è un intero o una frazione, cioè un numero razionale, ma un numero irrazionale,* (con infinite cifre decimali, e non periodico).

Appendice n. 9

La scodella di Luca Valerio

Prendiamo un cilindro, in modo che l'altezza sia la metà del diametro del suo circolo di base. Togliamo, «raschiamo via», dal cilindro la mezza sfera che sta dentro ad esso, quella che ha il suo centro nel centro della base superiore, e raggio uguale all'altezza del cilindro. Resta, come vedete, una specie di *scodella* (la chiamiamo la scodella di Luca Valerio perché il ragionamento che esponiamo è dovuto a un matematico del tardo '500, molto stimato da Galileo). Confrontiamo questa scodella con il cono circolare retto avente la stessa base e la stessa altezza del cilindro. Confrontiamoli considerandoli formati dagli infiniti «fogli» infinitamente sottili che si ottengono sezionandoli con piani paralleli alle basi. Prendiamo, per esempio, il foglio a distanza h dalla base superiore. La sezione con il cono è un circolo, di raggio pure h (i lati del cono sono a 45°, e perciò il triangolo rettangolo in figura è isoscele); perciò l'area di questo «foglio circolare» è data da πh^2. La sezione, invece, dello stesso piano con la scodella, è data da una corona circolare, cioè dalla striscia compresa tra due circoli concentrici. Uno è uguale al circolo-base della scodella, e perciò la sua area è πr^2. L'altro, quello più piccolo, ha per raggio il cateto di un triangolo rettangolo del quale l'ipotenusa è r, l'altro cateto h: il suo raggio (per il teorema di Pitagora) è allora: $\sqrt{r^2 - h^2}$, la sua area: $\pi (r^2 - h^2)$. L'area della corona circolare si otterrà sottraendo l'area del cerchio più piccolo da quella del cerchio più grande: perciò, l'area del foglietto, o straterello, a forma di corona circolare a distanza h dalla circonferenza che limita in alto la scodella, è data da: $\pi r^2 - \pi (r^2 - h^2) = \pi r^2 - \pi (r^2 - h^2) = \pi r^2 - \pi r^2 + \pi h^2$ (vedi, più in là, le regole di calcolo con i numeri negativi), cioè da: πh^2: è uguale a quella del corrispondente foglietto circolare preso sul cono. Ma allora i due volumi, essendo composti di «strati» di area uguale, sono uguali:

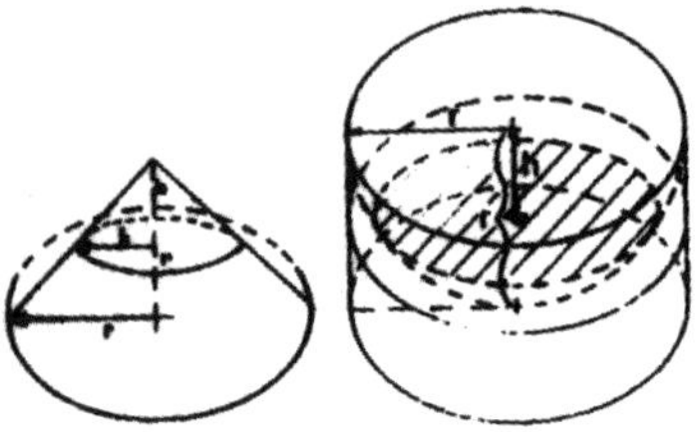

Il volume della scodella è uguale a quello del cono avente uguale base e uguale altezza.

Di qui si ricava facilmente un famoso risultato di Archimede, cioè il volume della sfera. Infatti, la mezza-sfera è uguale al cilindro meno la scodella, cioè al cilindro meno il cono; ora, si sa che il volume di un cono è un terzo di quello di un cilindro avente la stessa base e altezza. Perciò, il volume della mezza-sfera è uguale a quello del cilindro meno un terzo di quello del cilindro, è uguale cioè a due terzi di quello del cilindro; raddoppiando:

Il volume della sfera è 4/3 di quello di un cilindro avente per base un cerchio massimo della sfera e per altezza il raggio di essa.

Appendice n. 10

Un'area misurata da Galileo con la bilancia, da Torricelli con la mente

Prendiamo un disco circolare, appoggiato al suolo in un punto P della sua circonferenza, che segneremo in rosso per non perderlo di vista. Immaginiamo ora che il disco rotoli, senza strisciare, in linea retta, compiendo un solo giro, cioè fino al momento in cui il punto P segnato in rosso ritorna a contatto del suolo. Il «punto rosso» percorre allora un arco: nella prima metà del rotolamento si innalza sempre, fino a che dopo mezzo giro sta nel punto più alto del disco; nella seconda metà si abbassa fino a ritornare al suolo. L'arco descritto si chiama un arco di *cicloide.* Questa curva fu molto studiata da Galileo Galilei. Scrive Carlo Dati (sotto lo pseudonimo di Timauro Anziate): «Vincenzo Viviani... il quale dimorò per lo spazio di tre anni continui appresso al Galileo, mi ha detto averlo più volte udito discorrere della cicloide, e particolarmente trattandosi del disegno del nuovo ponte di Pisa, quando fu proposto il farlo d'un arco solo, dicendo egli che questa linea somministrava una centinatura per un ponte di bellissimo garbo. E che passando più oltre aveva speculato assai per misurarne lo spazio» (cioè, l'area) «sospettando che fosse triplo del circolo suo genitore». Date un'occhiata alla fi-

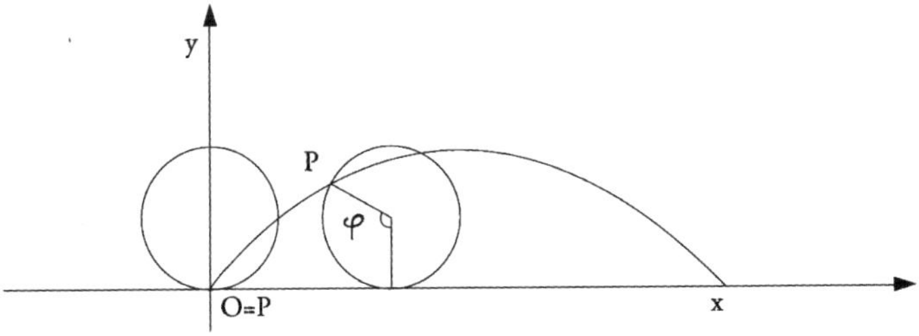

gura, e lo stesso «sospetto» verrà probabilmente anche a voi. «Ma... avendo fatto esperienza di pesare la figura di cartone molto uniforme e avendola sempre trovata meno che tripla, e dubitando che la proporzione fosse irrazionale, l'abbandonò, ma però non lasciò d'esortare altri a cercarne, come pure esortò il medesimo Viviani».

Come faceva Galilei a misurare, sia pure approssimativamente l'area di una figura «con una pesata»? La cosa è molto semplice, e probabilmente, direi anzi certamente, già Archimede, quasi duemila anni prima, si serviva dello stesso mezzo per «avere un'idea» del risultato, prima di cercarne una dimostrazione geometrica precisa. Galileo voleva confrontare l'area della cicloide con quella del «circolo suo genitore». Prendeva allora del «cartone molto uniforme», cioè di spessore molto uguale, e ritagliava, con la massima precisione possibile, le due figure da confrontare: il circolo e l'arco di cicloide. Ne confrontava i pesi: il rapporto dei pesi doveva dare, più o meno, il rapporto delle aree; cioè, se l'area della cicloide era tre volte quella del circolo, anche il peso della cicloide di cartone doveva essere tre volte quello del circolo di cartone. Insomma, i pesi sono proporzionali alle aree, se il cartone è «molto uniforme», cioè se il peso è uniformemente distribuito sull'area, cioè se aree uguali hanno peso uguale. Il metodo è molto utile per farsi un'idea del risultato, ma non ci dà sicurezza sul risultato *esatto.* Torricelli, l'ultimo allievo del vecchio Galilei (insieme a Vincenzo Viviani), avendo avuto dal maestro l'idea che l'area della cicloide è tre volte quella del circolo che la genera, riuscì a dimostrarlo con precisione, usando la mente, e non la bilancia. Ci pare, questo, un bell'esempio della grande utilità per il progresso delle conoscenze umane di adoperare con accuratezza tanto la bilancia quanto la mente: di unire le «speculazioni» della ragione alle misure dell'esperienza.

Appendice n. 11

Calcolo letterale: simboli e regole

Le lettere $a, b, c, d, \ldots$ indicano quantità (numeri) *indeterminate,* ma da ritenersi però volta per volta *note,* e non variabili, ma *costanti.*

Le lettere $x, y, z,$ e in generale le ultime lettere dell'alfabeto, indicano quantità non solo indeterminate, ma *incognite* (cioè sconosciute), e *variabili.*

Una lettera $a, b, c, \ldots x, y, z\ldots$ indica un numero che può essere tanto positivo quanto negativo.

Nel *calcolo letterale,* cioè con lettere al posto di numeri, si possono utilizzare solo le proprietà generali, o «formali» delle operazioni.

Alcune proprietà formali:

Proprietà commutativa dell'addizione: $a + b = b + a;$
della moltiplicazione: $a\,(bc) = (ab)\,c.$

Proprietà associativa dell'addizione: $a + (b + c) = (a + b) + c;$
della moltiplicazione: $ab = ba.$

Proprietà distributiva: $a\,(b + c) = ab + ac.$

Per la moltiplicazione, si evita il segno x che si confonde con la lettera x: si mette un punto, o addirittura nulla, tra i fattori:

$$a \cdot b = a\,b = a \times b.$$

Il segno meno, cioè:
–, indica *l'opposto:* $(-a) = -a$ è l'opposto di a,

cioè:

$$(-a) + a = 0.$$

L'opposto dell'opposto di a è a stesso:

$-(-\mathrm{a}) = a$. Perciò:

Regola del «meno» davanti a parentesi:

Si può togliere la parentesi solo se si cambiano i «più» in «meno» e i «meno» in «più» dentro la parentesi:

$$-(a - 2 - b + c) = -a + 2 + b - c.$$

In un prodotto, «meno» si mette tra parentesi, per non confondersi con la sottrazione:

$3 \,.\, (-2)$ vuol dire: -6 (vedi regola seguente);

$3 - 2$ vuol dire invece: 1.

Regola dei segni:

«Più» per «più» = «più»; «meno» per «meno» = «più»; «più» per «meno» = «meno»; «meno» per «più» = «meno».

$2 \cdot 3 = 6$ $\qquad (-2) \cdot (-3) = 6$
$2 \cdot (-3) = -6$ $\qquad (-2) \cdot 3 = -6$

Appendice n. 12

«Pensa un numero...» «L'ho pensato»

Io: «Pensa un numero». Tu (pensi il numero 2, senza dirmelo, e rispondi): «L'ho pensato». «Raddoppialo». «L'ho raddoppiato» (dentro di te: due per due quattro). «Aggiungi tre». «Fatto» (quattro più tre sette). «Moltiplica il risultato per 10». «Ho moltiplicato» (senza parlare: dieci per sette settanta). «Aggiungi ancora cinque». «Ho aggiunto» (voce interna: settanta più cinque settantacinque). «Quanto ti viene?». «Settantacinque». «E allora te lo dico io il numero che hai pensato. Settantacinque meno trentacinque fa quaranta; quaranta diviso venti fa due; hai pensato due, non è vero?».

Il trucco è subito spiegato se io ragiono considerando il numero da te (da *lui*) pensato come un numero «incognito» che io indico con la lettera x (calcolo letterale!), allora, il doppio di x è $2x$; se aggiungo tre ottengo $2x + 3$; se moltiplico *tutto* per 10 ho $10\ (2x + 3) = 20\ x + 30$; se aggiungo ancora cinque, il risultato finale è: $20\ x + 35$. Se allora tu, o lui, mi dite che il risultato finale è un certo numero a (nell'esempio: $a = 75$), io per ottenere la incognita x debbo semplicemente risolvere l'equazione:

$$20\ x + 35 = a;$$

e questo significa: togliere 35 dal risultato a ($20\ x = a - 35$); dividere per 20 il numero ottenuto con la sottrazione precedente ($x = (a - 35)/20$). Il trucco c'è, e si vede anche, con l'aiuto del calcolo letterale.

Potete variare il giochetto e complicarlo a vostro piacere; attenzione però a ricordarvi di porre le domande nell'ordine che avete prestabilito, e di tenere a mente l'equazione finale!

Appendice n. 13

Una porta mezza-chiusa non è una porta mezza-aperta

(Quando un movimento può essere compiuto in due sensi, o «versi» opposti, occorre misurare gli spostamenti con numeri positivi e *negativi*, se si vogliono evitare errori e assurdità.)

«Dimostriamo» che: *chiuso = aperto.* Infatti: una porta mezza-chiusa è la stessa cosa di una porta mezza-aperta. Perciò:

mezzo-chiuso = mezzo-aperto;

raddoppiando:

chiuso = aperto.

Dove sta l'errore? Chiuso è l'*opposto* di aperto, e mezzo-chiuso è l'*opposto* di mezzo-aperto. Infatti, il movimento di aprire (una porta) consiste nel farla ruotare di un angolo retto attorno ai suoi cardini in un *dato senso*, mentre per chiudere la stessa porta bisogna farla ruotare del medesimo angolo, ma nel senso *opposto*, e perciò le rotazioni necessarie per chiudere a metà, e per aprire a metà, sono uguali come ampiezza, ma hanno *segno opposto*:

1/2 chiuso = – (1/2 aperto),

e quindi:

chiuso = – (aperto)

(al posto del segno «meno» si può anche leggere: «opposto di...»).

Appendice n. 14

Calcolo di $(a + b)^3$ con l'algebra geometrica

In figura, è disegnato il cubo che ha per lato il segmento, *a* + *b,* somma di due segmenti *a* e *b*. Prendiamo, sui tre spigoli che escono dal vertice in basso a sinistra, i tre punti a distanza *a* da esso; da questi punti conduciamo i piani perpendicolari ai corrispondenti spigoli, che tagliano il cubo in vari pezzi. Vediamo quali sono questi pezzi, senza dimenticarne nessuno!

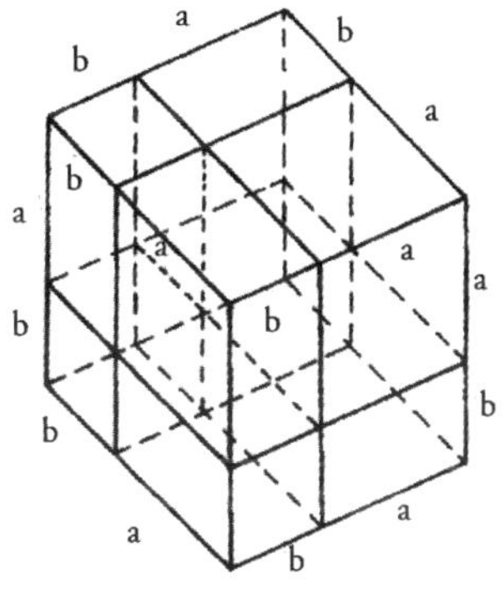

Prima di tutto, in alto a destra, abbiamo un cubo di lato *a*. Poi, in basso a sinistra, abbiamo un cubo di lato *b*. Appoggiati a ciascuna delle tre facce interne di questo cubo (due «di fianco», una «di sopra») ci sono tre parallelepipedi, tra di loro uguali, aventi per base il quadrato di *b*, per altezza *a*. Appoggiati invece alle tre facce interne del primo cubo, di lato *a*, ci sono tre parallelepipedi tra di loro uguali (uno «sotto», uno «dietro», uno «a sinistra»), aventi per base il quadrato di *a*, per altezza *b*. Risultato:

Il cubo di un segmento somma di due, a + b, *si può decomporre nella somma del cubo del primo, più il cubo del secondo, più tre pa-*

rallelepipedi che hanno per base il quadrato del primo e per altezza il secondo, più tre parallelepipedi che hanno per base il quadrato del secondo e per altezza il primo.

È (naturalmente!) l'esatta traduzione in linguaggio geometrico della nota formula algebrica:

$$(a + b)^3 = a^3 + b^3 + 3\,a^2 b + 3\,ab^2.$$

Appendice n. 15

Uno è uguale a due, ovvero l'operazione proibita

Il calcolo letterale è una «macchinetta» preziosa, ma qualche volta può scoppiare in mano a chi la maneggia con poca attenzione. Allora... attenzione: dimostreremo che uno è uguale a due. Supponiamo che sia $a = b$; perciò moltiplicando per a da tutt'e due le parti:

$$a^2 = ab$$

togliendo da tutt'e due le parti (da tutt'e due i membri dell'uguaglianza), la stessa quantità, b^2:

$$a^2 - b^2 = a \cdot b - b^2.$$

Ma, per una nota regola di calcolo che del resto si verifica senza difficoltà, la differenza dei quadrati di due numeri è uguale alla loro somma moltiplicata per la loro differenza; perciò:

$$a^2 - b^2 = (a + b)(a - b) = b\,(a - b)$$

[infatti, «mettendo in evidenza» b; $a \cdot b - b^2 = b\,(a - b)$].

Ora, nell'uguaglianza:

$$(a + b)(a - b) = b\,(a - b),$$

parrebbe permesso dividere per $a - b$ il primo e il secondo membro; quindi:

$$a + b = b$$

ma allora, se a = b

$$a + a = a, \text{ cioè:}$$
$$2 \cdot a = a, \text{ cioè:}$$
$$2 = 1!$$

Spiegazione: la divisione dei due membri di un'uguaglianza per $(a - b)$ è permessa solo se $(a - b)$ è *diverso da zero,* è *vietata* se $a = b$, perché allora $a - b$ è uguale a zero, e dividere per zero non ha senso.

Appendice n. 16

La convenzione dei segni nello spazio

Nello spazio, occorre prendere come «riferimento» tre piani, due a due perpendicolari (il pavimento, e due pareti contigue di una stanza, per esempio); chiamiamoli p_1, p_2, p_3 (vedi il disegno: p_1 è il pavimento; p_2 la parete di sinistra; p_3 quella di faccia). Allora, a ogni punto P dello spazio, si possono associare le distanze dai tre piani detti, prese in un certo ordine, e misurate con un certo metro, da fissare una volta per tutte. Quanto all'ordine, si usano prendere così: OP_1 (distanza di P dal piano p_3) = x; OP= y (distanza di P dal piano p_2); $OP_3 = z$ (distanza di P dal piano p_1). Però, per far sì che, viceversa, a tre numeri (x, y, z) corrisponda *un solo* punto P dello spazio, occorrerà prendere in considerazione tanto numeri positivi quanto *numeri negativi,* basandosi sulla seguente:

Convenzione dei segni nello spazio:

La distanza x è positiva se P sta *davanti* a p_3; *negativa* se sta *dietro.*

La distanza y è *positiva* se P sta alla *destra di* p_3; *negativa* se sta *alla sinistra.*

La distanza z è *positiva* se P sta *sopra* p_1; *negativa* se P sta *sotto.*

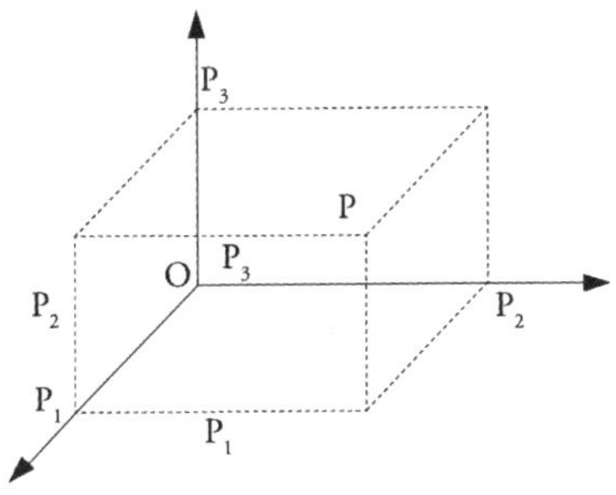

Appendice n. 17

Le equazioni della parabola e della iperbole equilatera

I. Costruiamo il grafico della funzione:

$$y = x^2$$

Questo vuol dire compiere le seguenti operazioni:

1. Fare una tabella di valori y associati a valori x; per es.:
se $x = 0$, $y = 0$; se $x = 1$, $y = 1$; se $x = -1$, $y = (-1)^2 = 1$;
se $x = 2$, $y = 4 = 2^2$; se $x = -2$, $y = 4 = (\sim -2)^2$;

2. Disegnare una curva passante per i punti (0,0), (1,1), (– 1, 1), (2,4), (~ –2, 4), ecc. La curva si traccerà con tanta maggiore precisione, quanto più ricca è la tabella di sopra, cioè quanto più vicini tra di loro sono i valori della x per i quali si calcolano i corrispondenti valori della y. La curva che si ottiene si chiama *parabola*; è una curva che «viene» dall'alto, da distanza infinita, scende fino all'origine (suo *vertice*), riprende a salire, con lo stesso andamento della discesa, fino all'infinito.

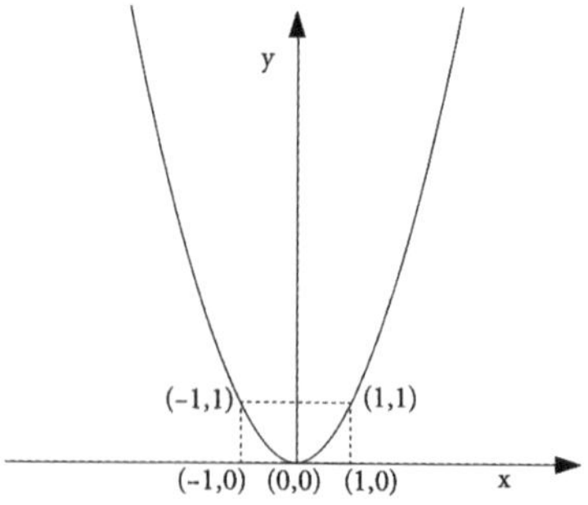

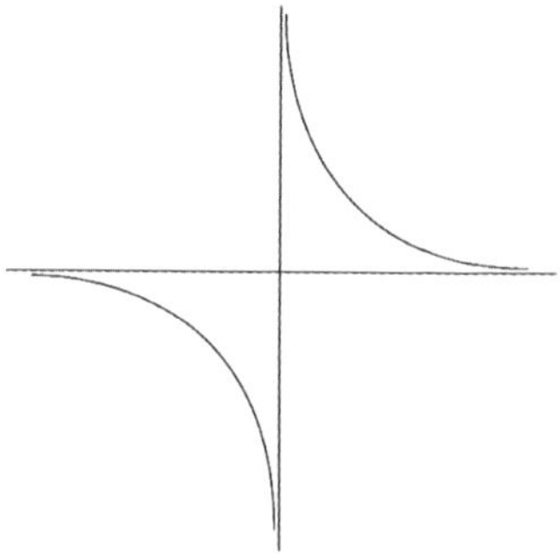

II. Costruiamo il grafico della funzione:

$$y = 1/x.$$

I punti del grafico sono dunque quei punti del piano per i quali l'ordinata è l'inversa dell'ascissa. (Si ricordi che, per la regola dei segni, l'inverso di un numero negativo è negativo). Quindi: quanto più grande l'ascissa, tanto più piccola l'ordinata, quanto più piccola invece l'ascissa, tanto più grande l'ordinata. Questo vuol dire che, quando l'ascissa x tende a 0 (si avvicina all'origine), la curva, grafico della funzione, si avvicina sempre più all'asse y innalzandosi indefinitamente, o abbassandosi indefinitamente (a seconda che x è molto piccolo *positivo,* o molto piccolo *negativo*); mentre, quando l'ascissa cresce oltre misura, l'ordinata del corrispondente punto della curva è sempre più piccola, la curva si avvicina sempre di più all'asse delle x, senza però mai toccarlo. La curva si chiama *iperbole equilatera,* l'asse x e l'asse y si dicono i suoi *asintoti* (rette alle quali la curva si avvicina indefinitamente). Si compone di due *rami.*

Appendice n. 18

Alcuni simboli che si impiegano per la derivata e l'integrale (definito)

a) Spiegando il concetto di *derivata* con l'esempio della velocità istantanea, si è visto che il procedimento della «derivazione» (di una funzione) consisteva in questo:

1. Si considera una funzione: $y = f(x)$ (per es.: $s = f(t)$, spazio = funzione del tempo), e il valore y_1 corrispondente al valore

$$x_1\colon y_1 = f(x_1).$$

2. Si considera una piccola variazione della x, da x_1, a un valore «vicino» x_2, e la corrispondente variazione (incremento) della

$$y, f(x^2) - (x^1).$$

3. Chiamando Δx la piccola variazione (incremento) della x, Δy il corrispondente incremento della y, si considera il rapporto

$$\Delta y / \Delta x.$$

(Δ = *delta* è la lettera dell'alfabeto greco che corrisponde alla nostra D).

4. Se, facendo tendere a zero, cioè ad annullarsi, l'incremento Δx, prendendo via via valori di x_2, sempre più prossimi a x_1 il rapporto $\Delta y / \Delta x$ si avvicina sempre di più a un *valore-limite,* allora quel valore limite si chiama la derivata della funzione $y = f(x)$ per $x = x_0$.

Immaginando allora la derivata come il rapporto di due incrementi infinitesimi (evanescenti): *dy, dx,* si usa per essa il simbolo:

$$dy \,/\, dx$$

b) Invece di scrivere, ad esempio: $a_1 + a_2 + a_3 + a_4 + a_5$, i matematici scrivono:

$$\begin{array}{c} i = 5 \\ \hline > \; a_i \\ \hline i = 1 \end{array}$$

il che vuol dire: somma di tutte le a_1 che si ottengono facendo variare l'*indice i* da 1 a 5 (cioè, precisamente, la somma scritta sopra).

Per calcolare un integrale (definito), cioè un'area, nell'esempio da noi dato, occorre innanzitutto calcolare in modo approssimato l'area in questione mediante rettangolini per esempio inscritti, l'area di ciascuno dei quali vale:

$$f(x_i)\,\Delta x_i,$$

dove Δx_i è l'ampiezza della base, $f(x_i)$ l'altezza. Questa somma potrà essere scritta brevemente così:

$$\sum f(x_i)\,\Delta x_i.$$

Quando si passa all'integrale, cioè alla somma di infiniti rettangolini di base infinitamente piccola, *dx*, si deforma il simbolo di sommazione, o «sommatoria», $\sum$ (che è poi la S greca, detta *sigma*), e si scrive:

$$\int_a^b f(x)dx$$

Si legge: integrale da *a* a *b* di $f(x)$ in *dx*.

Appendice n. 19

Risposte a dubbi

Che la matematica sia difficile, che occorra una «testa speciale» per capirla, è una leggenda. Per capire la matematica va bene qualsiasi testa normale, solo ci vuole pazienza, attenzione, concentrazione. Una cosa diversa è avere tendenza per la matematica; questo, effettivamente, è più raro. Sapete come si fa a comprendere se si ha tendenza per la matematica? Bisogna vedere se, leggendo una dimostrazione, riprovandola con carta e matita, uno è assalito da dubbi, o no. Se ha dubbi, ha la «testa da matematico». Rispondiamo qui a tre dubbi, che possono essere sorti nelle menti di quei nostri lettori che hanno più testa da matematici.

1. *A proposito delle due diverse scomposizioni del quadrato di lato* a + b *per dimostrare il teorema di Pitagora.* Nella seconda scomposizione, la parte centrale è effettivamente un quadrato, e non un rombo. Infatti, la somma dei tre angoli interni di un triangolo è sempre uguale a due angoli retti, cioè a un angolo piatto. Ora, consideriamo per esempio i due triangoli rettangoli appoggiati alla base del quadrato grande. Sono rettangoli, e uguali; in ciascuno di essi, perciò, la somma dei due angoli non retti è uguale a un angolo retto. Ora, l'angolo piatto del quale è vertice il vertice comune ai detti due triangoli, si compone di tre angoli: due di essi sono gli angoli non retti di un medesimo triangolo rettangolo (presi uno in un triangolo, uno nell'altro: ma i triangoli sono uguali!), quindi l'angolo rimanente è un angolo retto, il rombo è un *quadrato.*

2. *A proposito del calcolo dell'area della circonferenza con il metodo dei fili.* Distendendo tutti i fili circolari cioè le circonferenze di circoli concentrici, che compongono il circolo, avrò veramente un

triangolo? Cioè: gli estremi delle circonferenze rettificate andranno a disporsi in linea retta? Sì: perché Archimede ci insegna che le circonferenze sono proporzionali ai diametri, e quindi ai raggi; pertanto i triangoli disegnati in figura sono tutti tra di loro simili, e perciò i loro angoli corrispondenti sono uguali, e perciò gli estremi dei lati orizzontali sono in linea retta. Con questo, avvertiamo di avere usato qualche teorema «inverso» sulla similitudine di triangoli, per evitare di far sorgere un dubbio!

3. *A proposito della equazione della circonferenza di centro, origine e raggio* 1. L'equazione è soddisfatta anche dai punti per i quali qualche coordinata è un numero negativo. Ricordate, infatti, la regola «meno per meno = più»; da essa si ricava che ogni quadrato è positivo, cioè che moltiplicando un numero negativo per se stesso si ottiene il quadrato del corrispondente numero positivo. Poiché nel teorema di Pitagora entrano in gioco i quadrati, non ha importanza il segno con il quale viene presa la misura dei cateti.

Se avete altri dubbi… risolveteli da soli.

MISTO
Carta da fonti gestite
in maniera responsabile
FSC® C135333

Finito di stampare nel mese di luglio 2020 dalla Tipolitografia CSR
Via di Salone, 131/C - 00131 Roma - Tel. 064182113 (r.a.) - Fax 064506671